基于 ZENI 的集成电路设计与实现技术

国家集成电路设计深圳产业化基地   联合编写
深圳大学信息工程学院 EDA 技术中心

周生明   邓小莺   马 芝   编著
龚丽伟   朱明程

U0378718

西安电子科技大学出版社

内 容 简 介

本书的主要内容包括：集成电路的背景知识、全定制集成电路设计的主要特点和流程、MOS 器件的基本工作原理、半导体工艺基础知识、集成电路版图基本知识、ZENI 工具的使用方法、ZENI 工具的数字电路和模拟电路的设计流程、ZENI 工具中 Vcell 的关键使用方法。另外，介绍了全定制集成电路中的两个重要的电路模块设计案例：SRAM 和锁相环电路。最后介绍了 ZENI 工具的晶圆厂设计套组和常用的快捷键。

本书可作为集成电路相关专业的高年级本科生的教材，同时也可作为相关专业的工程技术人员的参考手册。

图书在版编目(CIP)数据

基于 ZENI 的集成电路设计与实现技术/周生明等编著.
—西安：西安电子科技大学出版社，2013.10
ISBN 978–7–5606–3219–3

Ⅰ.① 基⋯   Ⅱ.① 周⋯   Ⅲ.① 集成电路—电路设计
Ⅳ.① TN402

中国版本图书馆 CIP 数据核字(2013)第 231245 号

策　　划　云立实
责任编辑　王　斌　云立实
出版发行　西安电子科技大学出版社（西安市太白南路 2 号）
电　　话　(029)88242885　88201467　　邮　　编　710071
网　　址　www.xduph.com　　　　电子邮箱　xdupfxb001@163.com
经　　销　新华书店
印刷单位　陕西天意印务有限责任公司
版　　次　2013 年 10 月第 1 版　　2013 年 10 月第 1 次印刷
开　　本　787 毫米×960 毫米　1/16　印张 12.25
字　　数　211 千字
印　　数　1～2000 册
定　　价　26.00 元
ISBN 978 – 7 – 5606 – 3219 – 3 / TN
XDUP 3511001–1

前　　言

本书是在国家集成电路设计深圳产业化基地(简称深圳 IC 基地)和中国华大电子集团公司的大力支持下，由深圳 IC 基地与深圳大学信息工程学院 EDA 技术中心的专家共同撰写的，基于国产集成电路设计工具(ZENI)的集成电路设计技术用书。本书从全定制集成电路的设计原理、设计流程、设计范例入手，详细介绍了 ZENI 工具的使用方法、注意事项、设计要点；从结合基本工艺的库单元建立出发，详细论述了集成电路设计的基本原理与设计流程。本书力求通过设计实现的具体进程，帮助初学者了解与理解集成电路设计的基本原理和基本过程，达到设计入门的目的。

本书在编写过程中得到了华大公司的大力支持，特别是田鹏先生等的积极配合；得到了深圳大学信息工程学院集成电路工程专业硕士领域的学生的实验验证配合，为本书的具体实验与流程编写的更加通俗具体，起到了积极作用；同时，也得到了深圳大学信息工程学院集成电路方向的本科学生毕业设计实验的支持。在此，编者一并表示诚挚的感谢。

由于编者水平有限，书中难免存在不妥之处，请广大读者批评指正。

编者于深圳

2013 年 7 月

目　　录

引　论

1.1　集成电路技术发展的概要

　　IC 是"Integrated Circuit(集成电路)"的英文缩写。集成电路发展经历了小规模(SSI)、中规模(MSI)、大规模(LSI)、超大规模(VLSI)和甚大规模(ULSI)阶段。目前已经进入片上系统(System on Chip，SoC)阶段。

　　集成电路前五个阶段是根据芯片的规模大小来划分的。从 SSI 到 ULSI，集成电路发展的特点主要体现在：特征尺寸越来越小，芯片集成度越来越高，芯片工作时钟频率越来越高，芯片工作的电源电压越来越低等。而 SoC 则是从集成电路设计方法学的角度来定义的。SoC 的核心思想，就是将整个应用电子系统全部集成在一颗芯片上，且为了保证在短时间内设计成功，满足市场要求，SoC 大量采用 IP 复用技术，以功能组装的方式完成芯片设计。

　　20 世纪 90 年代后，集成电路的实现工艺已从亚微米($0.5\ \mu m \sim 1\ \mu m$)到深亚微米(小于 $0.5\ \mu m$)，再到主流工艺超深亚微米(小于 $0.25\ \mu m$)，目前 32 nm 工艺也已投入商用阶段。集成电路工艺发展的趋势如表 1-1 所示，其主要特点体现在以下几个方面：

　　(1) 特征尺寸越来越小。

　　(2) 芯片尺寸(Die Size)越来越大。

　　(3) 单片上的晶体管数越来越多。

　　(4) 时钟速度越来越快。

　　(5) 电源电压越来越低。

　　(6) 布线层数越来越多。

　　(7) I/O PAD(焊盘)越来越多。

表 1-1　集成电路工艺发展的趋势

年　份	1997	1999	2001	2003	2006	2009	2012
最小线宽/μm	0.25	0.18	0.15	0.13	0.10	0.07	0.01
DRAM 容量	256 M	1 G	1 G～4 G	4 G	16 G	64 G	256 G
晶体管数量/百万个	11	21	40	76	200	520	1400
芯片尺寸/mm²	300	340	385	430	520	620	750
时钟频率 MHz	750	1200	1400	1600	2000	2500	3000
金属层数	6	6～7	7	7	7～8	8～9	9
最低供电电压/V	1.8～.5	1.5～.8	1.2～.5	1.2～1.5	0.9～1.2	0.6～0.9	0.5～0.6
最大硅片直径/mm	200 (8 inch)	300 (12 inch)	300 (12 inch)	300 (12 inch)	300 (12 inch)	450 (18 inch)	450 (18 inch)

1.2　历史回顾

英国科学家 G.W.A. Dummer 于 1952 年第一次提出集成电路的设想，1958 年，以德克萨斯仪器(TI)公司的科学家 Jack Kilby 为首的研究小组研制出世界上第一块集成电路，如图 1-1 所示。该集成电路是在锗衬底上形成台面双极晶体管和电阻，总共集成了 12 个器件，该项研究获得了 2000 年诺贝尔物理学奖。

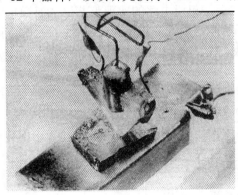

图 1-1　第一块集成电路

1959 年，美国 Fairchild 公司的 Noyce 发明第一块单片集成电路，如图 1-2 所示。它利用二氧化硅膜制成平面晶体管，是单片集成电路的雏形，也是与现在的硅集成电路直接有关的发明。它将平面技术、照相腐蚀技术和布线技术组合起来，使得大量生产集成电路成为可能。随后随着 CMOS(互补金属氧化物半导体)技术的出现，集成电路的发展速度越来越快，类型也从非挥发性存储器到单晶体管 DRAM 直到后来的微处理器芯片，集成电路的发展极大地影响着人类社会和经济的发展。

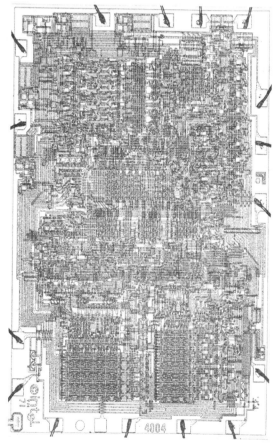

图 1-2　第一块单片集成电路

集成电路的集成密度和性能在过去的 20 年间经过了一场翻天覆地的革命。在 20 世纪 60 年代，Gordon Moore(Intel 公司的合伙奠基人，当时在 Fairchild 公司工作)预见到一个单片集成的晶体管数目将随时间按指数规律增长。这一预见后来被称为摩尔定律(Moore's Law)。它的准确性可以用微处理器的发展来描述，如图 1-3 所示。自 20 世纪 70 年代早期问世以来，微处理器在性能和复杂性上一直以一个稳定和可预见的步伐发展。

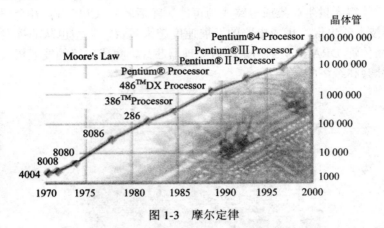

图 1-3　摩尔定律

集成电路早期的设计完全是手工操作的，每个晶体管都要画出其版图并且一个一个地优化和仔细地放入到它周围的电路中。显然，这一方法对于要形成并组装 100 万个以上器件的情况是不合适的。随着设计技术的发展，设计者已经开始遵循比较适合于自动化的严格设计方法和策略。与早期的电路设计不同，现今一个电路的设计是按层次化方式进行的。即一个处理器是许多模块的集合，每个模块又分别由许多单元构成。单元尽可能重复使用以减少设计压力并提高设计一次成功的机会。不同设计阶段，采用的设计方法也是不同的。采用基本单元和基本模块的设计，我们称为全定制集成电路设计；而基于全定制设计的电路模块的层次化集成电路设计则被称为半定制集成电路设计。

全定制集成电路的设计是集成电路的重要基石，本书主要介绍全定制集成电路设计的原理和一般流程。

第 2 章
全定制集成电路设计技术概要

2.1　全定制集成电路概述

　　专用集成电路，即根据用户的具体需求专门设计的集成电路。专用集成电路可分为两类：全定制集成电路和半定制集成电路。全定制集成电路就是根据用户对电路功能、性能的需求，对电路的结构布局、布线进行专门的设计，从而使电路达到最优化的设计。半定制集成电路则是根据用户需要，利用设计软件将生产厂家提供的一定规格的功能模块进行连接、组合，从而设计出的专用集成电路。

　　全定制集成电路设计是集成电路最基本的设计方法。它是不使用现有库单元，并对集成电路中所有的元器件进行精工细作的设计方法。全定制设计可以实现最小管芯面积、最佳布线布局、最优功耗速度积和最好的电特性。全定制集成电路设计方法尤其适宜于模拟电路、数模混合电路，以及对速度、功耗、管芯面积、其他器件特性(如线性度、对称性、电流容量、耐压等)有特殊要求的场合。

　　全定制集成电路的设计涉及一个"量身定做"的概念。首先根据用户的需求定制出电路结构，然后根据采用的工艺确定 MOS 管的尺寸，随后进入版图设计阶段。版图设计在全定制集成电路设计中至关重要。版图设计的正确与否直接关系到电路是否能正常工作；版图设计的好坏，则在很大程度上影响电路性能的好坏以及产品的稳定性。在全定制集成电路设计过程中，大部分时间消耗在版图实现的过程中。

　　为使读者对版图设计工艺有个宏观的了解，下面将以图例的形式展现版图设计的层级关系及工艺规则。CMOS 工艺要求把 NMOS 管和 PMOS 管都建在同一硅材料上。为了能同时容纳这两种器件，需要形成一个被称为阱的特殊区域(N-well)，在这个区域内半导体材料的类型与沟道的类型相反。一个 PMOS 管只能建立在 N 型衬底或者 N 阱内。同理，一个 NMOS 管只能建立在 P 型衬底或者 P 阱内。图 2-1 是一个 N 阱 CMOS 工艺的剖面图，由图可见，不同的层与层之间用 SiO_2 绝缘材料填充。在设计电路版图时，会用不同颜色和填充形状来描述不同的工艺层。

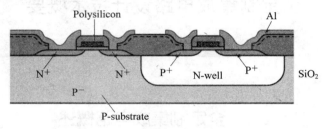

图 2-1　CMOS 工艺的剖面图

CMOS 工艺层及表示方法(Vanilla 0.25 μm CMOS 工艺)如图 2-2 所示，工艺层部分包括金属、阱(有 P 型和 N 型两种，这里只展示了 N 阱)、多晶硅(可以作为晶体管的栅电极)、接触与通孔(用于提供层与层之间的连接)、有源区及 FET(Field Effect Transistor，场效应晶体管)，它们定义了可以形成晶体管的区域；选择区则用于形成连接阱或衬底接触。

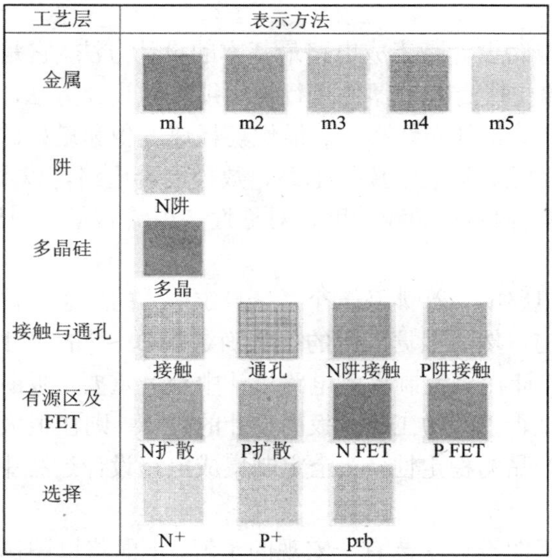

工艺层	表示方法				
金属	m1	m2	m3	m4	m5
阱	N阱				
多晶硅	多晶				
接触与通孔	接触	通孔	N阱接触	P阱接触	
有源区及 FET	N扩散	P扩散	N FET	P FET	
选择	N+	P+	prb		

图 2-2　CMOS 工艺层及表示方法(Vanilla 0.25 μm CMOS 工艺)

图 2-3 给出了同一层内的设计规则，定义了在每一层中图形的最小尺寸及图形之间的最小间距。

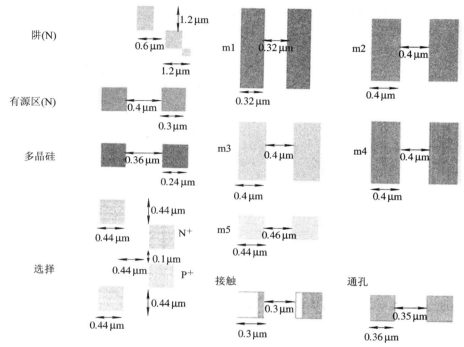

图 2-3 同一层内的设计规则(表示为最小尺寸和间距)

图 2-4 给出了晶体管的设计规则，由图可见，有源层和多晶层的重叠构成了晶体管。

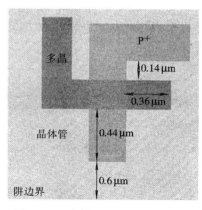

图 2-4 晶体管的设计规则(PMOS)

图 2-5 给出了接触与通孔的设计规则，由图可见，接触与通孔是两个互相连通的层重叠且二者间由填充有金属的接触孔而形成的。图中的标示指出了接触与通孔间的最小间距以及与周围工艺层的关系。

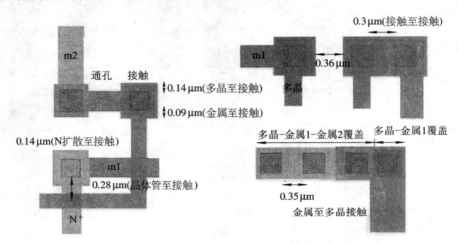

图 2-5　接触与通孔的设计规则

图 2-6 给出了阱和衬底接触的设计规则。数字电路的稳定性与阱和衬底与电源电压的连接有很大的关系。

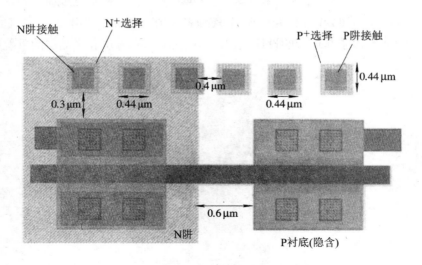

图 2-6　阱和衬底接触的设计规则

图 2-7 给出了一个 0.25 μm CMOS 工艺的反相器版图。

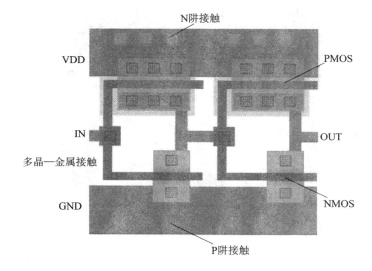

图 2-7　0.25 μm CMOS 工艺的反相器版图

图 2-8 给出了一个 4 输入的与非门版图。其中，IN_1、IN_2、IN_3、IN_4 为输入端；OUT 为输出端。

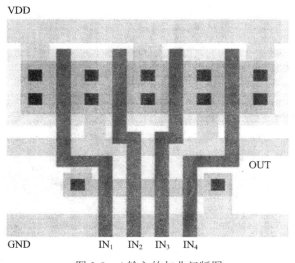

图 2-8　4 输入的与非门版图

图 2-9 给出的是电源分布网络中 IR 降压的模拟结果。

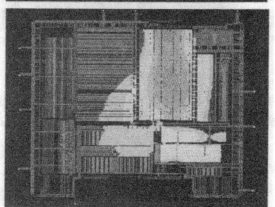

图 2-9　电源分布网络中 IR 降压的模拟结果

图 2-10 给出了在一个驱动不同负载的树形(时钟)网络中时钟的延时情形。

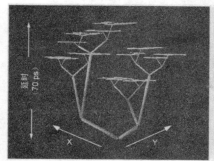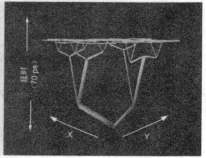

图 2-10　在一个驱动不同负载的树形(时钟)网络中时钟的延时情形

2.2 全定制电路设计的特点

所谓全定制，是指以用户需求为目标，针对电路的系统框架、模块结构、器件模型、版图规划以及工艺优化，进行全面和专门的规划、设计与优化，使之实现功能与性能、成本与品质、设计规划与工艺等方面的平衡。

全定制电路的结构化设计特征有：

(1) 层次性。由于系统规模很大，因而设计复杂性也很高，采用层次性设计可以达到降低设计复杂性的效果。层次式设计有系统划分与布图规划两种。

① 系统划分是指在功能设计与寄存器级设计完成后，将模块划分为单元组合，然后分别对单元电路进行逻辑级、电路级乃至版图级的设计。

② 布图规划是在电路划分的同时，对芯片面积也有相应的划分。这样可以为每个模块确定一个布图面积的大小及其在芯片上的相对位置。

(2) 模块性。将系统划分为多个模块，为每个模块明确定义接口，包括模块名称、功能、层类、尺寸以及与外部互联端点的数目、名称、位置等。这样可以使设计人员明确问题并做出文件接口，在此基础上每个人只设计芯片的一部分即可。

(3) 规则性。虽然各模块内部随其功能不同而不同，但模块间的接口，如电源、时钟线、总线、地线等，却是公共的。利用单元重复的方法可以使结构规则化，使得设计简化且减少错误的发生。规则性可以在设计层级的所有级别上存在。

(4) 局部性。在对模块接口进行很好的定义的基础上，可将每个模块看成是一个黑盒，而不用过多关心模块内部的具体情况，这样，模块的复杂性就被降低了。

(5) 手工参与。由于设计工具的局限性，设计人员利用经验，手工参与设计也是很重要的。设计人员在各设计层次上，对设计进行人工干预和协调，目的是提高设计效率以获得一个相对好的结果。

2.3 全定制电路设计流程

全定制电路的设计流程比较简单，其流程框图如图 2-11 所示。全定制电路设计过程中，手工参与的较多。设计时，首先由用户根据需求指定电路模块的功能，再根据功能确定电路模块的各项性能参数，给出明确的参数指标。工程师根据所给定的性能指标确定电路结构的框架，确定相应的电路结构。

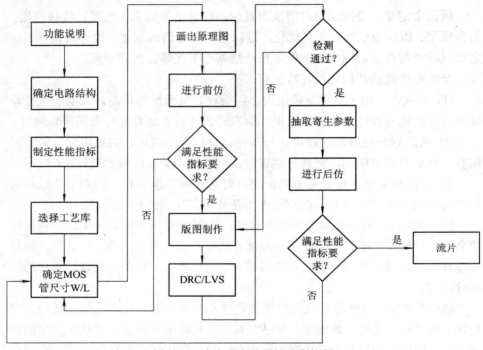

图 2-11　全定制电路设计流程框图

电路所用的工艺库是根据已有的工作环境和资金的多少来决定的。在确定好芯片设计选用的工艺库后，就可以着手设计电路的基本尺寸，包括确定晶体管的基本尺寸等。在此基础上，就可以画出原理图(有些设计者或许会选择直接写成仿真工具可识别的网表文件)，并进行不带寄生参数的仿真(称之为前仿)。所谓的不带寄生参数仿真是指没有考虑后端的互连线等寄生效应的仿真，是一种条件较宽松的仿真。如果前仿结果不能满足最初确定的性能参数指标，则需要重新调整晶体管的尺寸，重复仿真，直至前仿结果满足性能参数指标。

为了确保电路设计的成功，消除设计缺陷，在设计流程的每个阶段都要有周密的计划与评价。在此，电路仿真是一个成本低、效率高的解决方法，其能够在进入更为昂贵、费时的原型开发阶段之前，找出问题所在。因此最佳的设计流程需要将仿真与原型开发混合进行。在原型开发阶段的设计流程中加入仿真步骤，有助于预测并且更好地理解电路行为，对假设的情形进行实验，优化关键电路，并对难以测量的属性进行特性研究，从而可以减少设计错误，加快设计进展。仿真的主要目的是预测并理解电子线路的行为。符合行业标准的 SPICE 仿真或者其他类型的电路仿真(例如，微控制器和 VHDL 的协仿真)都能够完成这一主要目标。当然仿真并不能替代原型开发，这是因为现实世界中的某些效应，包括串扰、电子噪声、散射线路噪声等，要在仿真中进行建模十分困难、费时或是代价过高。但是，仿真确实提供了理解给定电路行为和特性的基本方法。利用仿真手段，工程师能够在进入更为复杂的原型开发阶段之前，找出并修正存在于设计中的基本错误。

另外，现代的电路仿真器不仅擅长于预测基本的电路行为，同时还允许对元件与电路拓扑结构进行快速地修改、定制以及交换，就可以将给定的运算放大器或集成电路进行更换。设计者能够在仿真环境中，对一系列电路进行实验，从而大大减少修改电路原型或搭建电路原型的时间。通过这类实验，设计者还能够用更少的元件、具有更大公差的元件(元件将更加便宜)或是价格更为低廉的集成电路完成设计，从而降低整体成本。由于 FPGA 与 FPAA 等可编程设备的兴起，因此对复杂设计进行完整的系统级仿真已经变得不现实且过于昂贵，在某些情况下甚至是不可能的。但是，有必要对设计的关键部分以及子系统进行评价，在建立原型系统之前了解其精度、功能和效率，并在仿真器的帮助下优化子系统、关键子电路以及组件，降低测量的难度。除此之外，仿真能够帮助设计者深入了解难以测量或无法测量的电路特性。例如，蒙特卡罗分析可通过用随机改变的元件参数运行数十次、数百次迭代来分析，使设计者深入了解元件公差对电路或设计整体工作方式的影响。在生产级别或原型开发级别进行蒙特卡罗分析在经济上是不可行的，而仿真就成为对电路特性进行深入了解的低成本的有效途径。原型开发帮助设计者在实际情况下对设计进行检查和验证，而仿真则在原型开发之前，帮助设计者找出设计中的问题。将这两个阶段结合在一起，就使得几乎所有电路设计都能够取得最终成功。

当前仿结果比较理想时，就可以开始版图的设计。版图设计需要丰富的实践经验以及电路基本知识，从版图的布局，电源、地线的走线(IR Drop)到信号线之间的间距(串扰问题)。

版图设计好之后，需要进行设计规则检查(Design Rule Check，DRC)以及版图原理验证(Layout Versus Schematics，LVS)。硅片代工厂根据工艺、工厂设备、制作流程和水平等相关指标，会设定出一个相符的规则，并根据这些规则进行检测，以保证生产出的芯片是有效的，这就是 DRC。LVS 则是把手工画出的版图(Layout)与原理图(Schematic)进行比较，以确定版图没有出现画错的现象。也就是从逻辑连接来确保物理连接的正确性。如果 DRC/LVS 检测没有通过，则需要对版图进行检查并修改。这个过程可能要重复很多遍。

DRC/LVS 检查无误后，可对版图抽取寄生参数。软件会根据实际所画版图的形状抽取出金属线所寄生的电容、电阻。这些寄生参数有时候会极大地影响电路的性能。

对带有寄生参数的网表进行仿真，可以得到与实际工作情况比较接近的效果。此时，如果仿真出的结果达不到预定的性能指标参数，则需要重新确定 MOS 管的尺寸，并重复之前的设计工作。如果后仿结果满足预定的指标参数，则全定制电路芯片设计基本完工，可以送给工艺厂商流片(Tapeout)。

从上面的介绍可知，在全定制电路的设计过程中，每一步设计都离不开人工的参与。特别是在版图设计的过程中，由于人工的参与，芯片的面积才能做到比较小，其布局布线也会比较合理。

下面通过一个简单的反相器的设计进一步说明该设计流程。

(1) 功能说明：实现这样一个电路，使得输入的信号能进行反相，即输入信号是高电平，则输出为低电平；若输入信号是低电平，则输出为高电平。

① 确定电路结构：用 NMOS 管和 PMOS 管构成一个反相器。

② 制定性能指标：面积小于 1 μm²，延时小于 1 ns，静态功耗小于 2 μw。

③ 选择工艺库：TSMC0.18 μm。

(2) 确定管子尺寸：根据延时小于 1 ns、静态功耗小于 2 μw 来计算管子的尺寸。

① 画出原理图：反相器的原理图如图 2-12 所示。

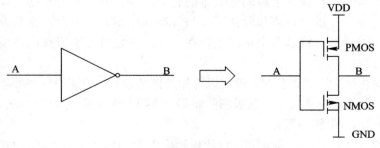

图 2-12 反相器的原理图

② 网表：

.SUBCKET INV A B

* A: INPUT B: OUTPUT

N1　A　B　GND　GND　nmos W = 1.8 μ　　L = 0.18 μ

P1　A　B　VDD　VDD　pmos W = 3.6 μ　　L = 0.18 μ

.END

(3) 前仿：运用 Hspice 软件进行仿真，仿真波形如图 2-13 所示。

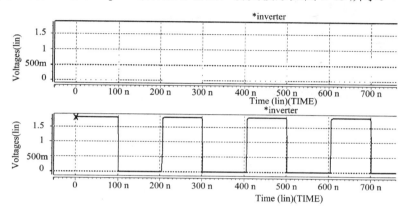

图 2-13　反相器 Hspice 仿真波形

反相器性能指标的检验如下：

① 延时：经过测量，输入信号 50% × VDD 至输出信号 50% × VDD 的时间，经测量为 0.1 ns，小于 10 ns，满足延时要求。

② 功耗：运用 Hspice 软件仿真出静态功耗为 1.2 μw，小于 2 μw，满足功耗要求。仿真波形如图 2-14 所示。

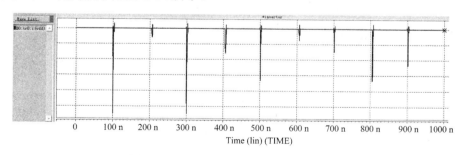

图 2-14　反相器功耗的 Hspice 仿真波形

(4) 版图设计：该反相器的版图设计如图 2-15 所示。

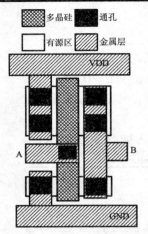

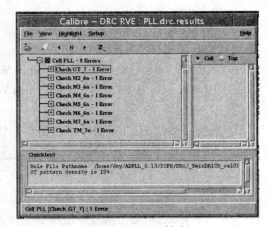

图 2-15 反相器的版图设计   图 2-16 DRC 检查

(5) 版图验证：包括设计规则检查(Design Rule Check，DRC)和版图原理验证(Layout Versus Schematic，LVS)。

① DRC：运用 Mentor 公司的 Calibre 软件对版图进行 DRC 检查，检查图形化界面如图 2-16 所示。没有严重的 DRC 错误，只有出现金属密度(Density)不够，小于 15%的要求。这个 DRC 错误的出现是为了防止当金属层密度太小时，其无法承受上层金属布线和氧化物的重量而出现扭曲变形的现象。这个 DRC 错误一般在流片之前进行整合时会加入很多的冗余金属块进行修复。所以在芯片设计前期和单元电路设计时，可以忽略该 DRC 错误。

DRC 检查完毕，除了图形化界面还会弹出报表文件，如图 2-17 所示，图中显示出检测 CPU 所花时间，总共检查多少项设计规则(Design Rule)等。

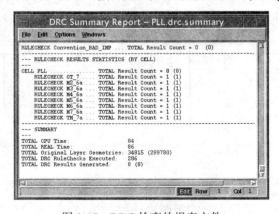

图 2-17 DRC 检查的报表文件

② LVS：它可确保物理连接和逻辑连接一致。LVS 检查结果如图 2-18 所示。

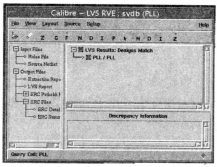

图 2-18　LVS 检查

检查通过，说明版图连接没有出现短路和断路的情况，由版图抽取出的网表与原理图网表一致。同 DRC 检查类似，LVS 检查也有报表形式，如图 2-19 所示。报表文件中总结了版图和原理图上的总的节点(Nets)个数、端口(Ports)个数和 MOS 管的个数。

```
*******************************************************************************
                        INFORMATION AND WARNINGS
*******************************************************************************
```

	Matched Layout	Matched Source	Unmatched Layout	Unmatched Source	Component Type
Ports:	17	17	0	0	
Nets:	7312	7312	0	0	
Instances:	714	714	0	0	MN(N12)
	723	723	0	0	MP(P12)
	5314	5314	0	0	INV
	434	434	0	0	NAND2
	2	2	0	0	NAND3
	13	13	0	0	NAND4
	102	102	0	0	NOR2
	69	69	0	0	NOR3
	218	218	0	0	AOI_2_1
	2	2	0	0	AOI_2_1_1
	49	49	0	0	AOI_2_2
	1	1	0	0	AOI_2_2_1
	1	1	0	0	AOI_2_2_2
	5	5	0	0	AOI_3_1
	11	11	0	0	OAI_2_1
	48	48	0	0	OAI_2_1_1
	10	10	0	0	OAI_2_2
	8	8	0	0	OAI_2_2_1
	73	73	0	0	OAI_3_1
	13	13	0	0	OAI_3_2
	1411	1411	0	0	SDW2
	26	26	0	0	SDW3
	1374	1374	0	0	SUP2
	9	9	0	0	SPUP_2_1
	28	28	0	0	SPUP_2_2
	1	1	0	0	SMN2
	24	24	0	0	SPMN((((2+2)+1)+2)+1)
	24	24	0	0	SPMP((((2+2)+1)+2)+1)
Total Inst:	10707	10707			

图 2-19　LVS 检查的报表文件

(6) 抽取寄生参数：根据所画版图和抽取寄生参数工具的规则文件，可形成一个 ".spi" 文件，该文件中包含了所有寄生的电阻和电容。

(7) 后仿真：在运用 Hspice 软件仿真时，网表把生成的寄生参数网表加入即可。如果后仿真也可较好地满足性能指标，则可以进行流片。

2.4　全定制集成电路设计的质量评估

评估全定制设计的集成电路性能的重要指标有：面积、功耗、性能稳定性等，特别要注意尽量减少寄生参数。

实际上电路的质量很大程度上取决于版图设计阶段。

1．电路版图的设计

良好的电路版图设计可以使寄生参数最小。当一个 MOS 管的栅很宽时，可以采用栅指结构，其版图如图 2-20 所示。

(a) 条栅大尺寸MOS管

(b) 栅指结构大尺寸MOS管

图 2-20　大尺寸 MOS 管的栅指结构版图

折弯栅大尺寸 MOS 管的版图如图 2-21 所示。

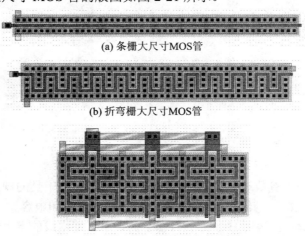

(a) 条栅大尺寸MOS管

(b) 折弯栅大尺寸MOS管

(c) 折弯结构大尺寸MOS管

图 2-21　大尺寸 MOS 管的折弯结构版图

2．误差

误差是指版图设计与工艺误差所导致的器件实际参数对设计参数的偏离，其示意图如图 2-22 所示。图中：

$$实际电阻 = R_T + 2R_J = R_T + \Delta R_T + 2R_J$$

$$实际电阻 = \frac{4R_T + 4\Delta R_T + 2R_J}{4} = \frac{R_T + \Delta R_T + R_J}{2}$$

在设计版图的过程中，增加 W 值可以有效地降低 ΔR_T。

R_T 的误差：

$$\frac{\Delta R}{R} = \frac{\Delta W}{W} + \frac{\Delta L}{L} + \frac{\Delta \overline{\rho}}{\rho}$$

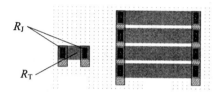

图 2-22　误差示意图

3．失配

失配是指因为误差所导致的实际器件间关系对设计配合参数的偏离，如图 2-23 和图 2-24 所示。失配是半导体统计描述中的一部分，MOSFET(金属–氧化物–半导体场效应管)失配包括梯度误差(Gradient Variation)、通片线宽误差 ACLV(Across-Chip Linewidth Variation)、在场线宽误差 AFLV(Across Field Linewidth Variation)和随机误差(Random Variation)。其中，ACLV/AFLV 可认为是一种特殊的梯度误差。MOSFET 失配是小信号随机误差和大信号梯度误差的叠加，前者在匹配器件间距较小时起决定作用；后者在匹配器件间距较大时起主导作用；当匹配器件尺寸较大且间距较远时，两者都需要考虑。

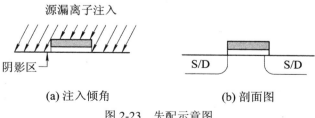

(a) 注入倾角　　　　　　　　　(b) 剖面图

图 2-23　失配示意图

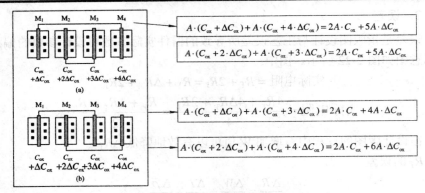

图 2-24　失配电容计算公式

MOSFET 失配的消除技术有两种：

(1) 版图消除技术。它针对如何消除版图中的随机误差和梯度误差。不少版图工程师已经提出一系列版图设计规则，归纳如下：

① 匹配器件采用相同的尺寸、形状、方向、互连，尽可能靠近、位于等温区。

② 匹配器件选择相同的、合适的偏置条件，尽可能用大尺寸器件。

③ 采用共质心对称结构。

④ 匹配器件周围设计"假器件"(Dummy Devices)。

⑤ 对失配敏感的电路尽可能地与功率器件隔离，并尽可能处于芯片中央，避免封装引入的应力等。

(2) 电路消除技术。精细的版图设计技术一方面虽然可以在很大程度上消除随机误差和梯度误差对电路的影响，但并不能完全消除，而且还降低了芯片的集成度；另一方面芯片在封装以后的机械压力可能会增大失调电压。因此，很多高精度系统需要用电子学的方法消除失配导致的失调，如采用"输入/输出失调存储"的方法来测量且消除失调。

4．电源/地线

全定制电路的电源、地线的设计比较关注的是电压稳定性以及电压降(**IR Drop**)问题。由于全定制电路对电源噪声比较敏感，一般要把电源线设计得越宽越好，但是要考虑到面积问题。目前有些集成电路设计软件可以根据设计者定制的 **IR Drop** 比值自动算出最窄的电源/地线宽。

5．闩锁效应(Latch up)

闩锁效应是 CMOS 工艺所特有的寄生效应，严重时会导致电路的失效，甚至烧毁芯片。闩锁效应是由 NMOS 的有源区、P 型衬底、N 型阱、PMOS 的有源区构成的 N-P-N-P 结构产生的。当其中一个三极管正偏时，就会构成正反馈而形成闩锁效应，其等效示意图如图 2-25 所示。避免产生闩锁效应的方法就是要减小衬底和 N 型阱的寄生电阻，使寄生的三极管不会处于正偏状态。静电是一种看不见的破坏力，会对电子元器件产生影响。ESD 和相关的电压瞬变都会引起闩锁效应，它是半导体器件失效的主要原因之一。如果有一个强电场施加在器件结构中的氧化物薄膜上，则该氧化物薄膜就会因介质击穿而损坏。很细的金属化迹线会由于大电流而损坏，并且会因为浪涌电流造成的过热而形成开路。这就是所谓的"闩锁效应"。在闩锁效应下，器件在电源与地之间形成短路，造成大电流、EOS(电过载)和器件损坏。

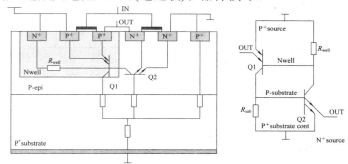

图 2-25　闩锁效应的等效示意图

防止 Latch up 的方法如下：

(1) 在基体(Substrate)上改变金属的掺杂，降低 BJT 的增益。

(2) 避免 Source 和 Drain 的正向偏压。

(3) 增加一个轻掺杂的层(Layer)在重掺杂的基体上，阻止侧面电流从垂直 BJT 到低阻基体上的通路。

(4) 使用保护环(Guard Ring)：P$^+$ ring 环绕 NMOS 并接 GND；N$^+$ ring 环绕 PMOS 并接 VDD。一方面可以降低阱寄生电阻(R_{well})和衬底寄生电阻(R_{sub})；另一方面可以阻止载流到达 BJT 的基极。如果可能，可以再增加两圈保护环。

(5) Substrate contact 和 Well contact 应尽量靠近 Source，以降低 R_{well} 和 R_{sub} 的阻值。

(6) 使 NMOS 尽量靠近 GND，PMOS 尽量靠近 VDD，保持足够的距离在 PMOS 和 NMOS 之间以降低引发可控硅(Silicon Controlled Rectifier, SCR)的可能。

(7) 除在 I/O 处需采取防 Latch up 的措施外，凡接 I/O 的内部 MOS 也应增加保护环。

(8) I/O 处尽量不使用 PMOS(Nwell)。

COMS 电路由于输入过大的电流，内部的电流急剧增大，在除了切断电源的情况下，电流一直持续在增大的情况就是锁定效应。当产生锁定效应时，COMS 的内部电流能达到 40 mA 以上，很容易烧毁芯片。

6. ESD(Electro-static Discharge)保护

随着集成电路制造工艺水平进入集成电路线宽的深亚微米时代，MOS 元件的栅极氧化层厚度越来越薄，这些制造工艺的改进可大幅度提高集成电路内部的运算速度，并可提高电路的集成度。但是这些工艺的改进带来了一个很大的弊端，即深亚微米集成电路更容易遭受到静电冲击而失效，从而造成产品可靠性的下降。

一般 ESD 保护电路可以在电路设计内部加入，还可以在 PAD 上加入一个反向偏置的二极管，如图 2-26 所示。

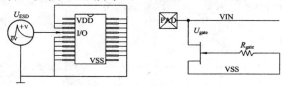

图 2-26　ESD 保护电路

7. 芯片成品率

衬底材料和制造过程都会引起缺陷，使芯片失效。假设缺陷在圆片上的分布是随机的，并且芯片的成品率与制造工艺的复杂性成反比，可得

$$芯片成品率=\left(1+\frac{单位面积的缺陷数\times芯片面积}{\alpha}\right)^{-\alpha}$$

式中，α 是取决于制造工艺复杂性的一个参数，它与掩膜的数量大致成正比。对于目前复杂的 CMOS 工艺来说，比较合适的估计是 $\alpha=3$。单位面积缺陷的数目是衡量材料和工艺缺陷的一个指标，目前其典型值为 0.5～1 个缺陷每平方厘米，并且在很大程度上取决于工艺的成熟程度。

2.5 本章小结

本章主要介绍了全定制集成电路的含义和特点、全定制集成电路的设计流程以及全定制电路的质量评估系统。全定制设计一个电路时，需要根据性能指标和设计管子尺寸等，进行仿真和版图设计，最后进行后仿真，若能满足性能指标要求，则可以进行流片。

第3章

全定制集成电路设计的工艺及其相关原理

3.1　CMOS 集成电路的制造工艺原理

当场效应管(Field Effect Transistor，FET)采用 SiO_2 作为绝缘层时，被称为金属–氧化物–半导体场效应管(MOSFET)，简称为 MOS 管。随着集成电路的发展，互补金属氧化物半导体(Complementary Metal Oxide Semiconductor，CMOS)集成电路所占的市场份额越来越大。

随着 CMOS 集成电路工艺的不断发展，工艺线宽越来越小，现在 0.18 μm 的线宽已经成为超大规模集成电路制造的主流工艺线宽，90 nm 甚至更小线宽的工艺线也已经开始进入商用阶段。对不同线宽的流水线，一个标准的 CMOS 工艺过程虽然略有差别，但是主要的过程基本相同。下面以光刻掩膜板为基准描述一个双阱硅栅自对准 CMOS 集成电路工艺过程的主要步骤：

(1) 制备 N 阱，这一阶段的示意图如图 3-1 所示。这个过程又分为以下四个步骤：

① 氧化 P 型单晶硅衬底材料。其目的是在已经清洗洁净的 P 型硅表面上生长一层很薄的氧化物——二氧化硅(SiO_2)，作为 N 阱和 P 阱离子注入的屏蔽层。

② 在衬底表面涂上光刻胶，采用第一块光刻掩膜板进行一次光刻。其图形是所有需要制作 N 阱和相关 N 型区域的图形，光刻的结果是使得制作 N 阱和相关 N 型区域图形上方的光刻胶易于被刻蚀，当这些易于被刻蚀的光刻胶被刻蚀之后，其下面的二氧化硅层就易于被刻蚀掉。刻蚀过程采用湿法刻蚀技术，刻蚀的结果是使需要做 N 阱和相关 N 型区域的硅衬底裸露出来。同时，当刻蚀完毕以后，N 型区域以外保留光刻胶与其下面的二氧化硅层一起作为磷杂质离子注入的屏蔽层。

③ 离子注入磷杂质。这是一个掺杂过程，其目的是在 P 型衬底上形成 N 型区域，作为 PMOS 区的衬底。离子注入的结果是在离子注入窗口处的硅表面形成一定的 N 型杂质分布，这些杂质将作为 N 阱再分布的杂质源。

④ N 型杂质的退火与再分布。将离子注入后的硅片去除表面所有的光刻胶并清洗干净，在氮气环境(有时也称为中性环境)下进行退火。恢复被离子注入所损伤的硅晶格。当退火完成后，将硅片送入高温扩散炉进行杂质再分布，再分布的目的是为了形成所需的 N 阱结深，获得一定的 N 型杂质浓度分布，最终形成制备 PMOS 所需的 N 型区域。为了使得磷杂质不向扩散炉中扩散，一般再分布开始阶段在较低温度的氧气环境中扩散，其目的是在硅衬底表面形成二氧化硅的阻挡层，然后在较高温度的氮气中进行再分布扩散。

(2) 制备 P 阱，这一阶段的示意图如图 3-2 所示。这一过程可分成以下三个步骤。

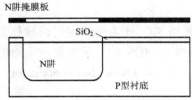

图 3-1　制备 N 阱

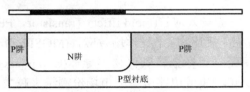

图 3-2　制备 P 阱

① 将进行完步骤(1)后的硅片再次光刻。其光刻掩膜板为第一次光刻掩膜板的反板。采用与步骤(1)相同的光刻与刻蚀过程，其结果是使 N 阱以及相关 N 型区域之外的硅衬底裸露出来。

② 将离子注入硼杂质形成 P 型区域。

③ 采用与步骤(1)相同的退火与再分布工艺过程，最终形成制备 NMOS 有源区所需的 P 阱。为了防止注入的硼杂质在高温处理过程中被二氧化硅吞噬，在再分布的初始阶段仍采用氮气环境。当形成一定的杂质分布后，改用氧气环境，在硅表面形成一层二氧化硅膜。再分布的最后阶段仍在氮气环境中扩散。

(3) 制备有源区，这一阶段的示意图如图 3-3 所示。

所谓有源区，是指将来要制作 CMOS 晶体管、电阻、接触电极的区域。其制备过程可以分解成以下四个步骤。

① 氧化。由于氧化硅与硅的晶

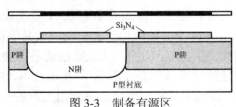

图 3-3　制备有源区

格不相匹配,如果直接将氮化硅沉淀在硅的表面,虽然从屏蔽场氧化效果是一样,但由于晶格不相匹配,将在硅表面引入晶格缺陷,而生长一层低氧将起到缓冲作用。通过热氧化在硅表面生长一层均匀的氧化层,作为硅与氮化硅的缓冲层,而且这层底氧层去除以后,硅表面仍保持较好的界面状态。

② 沉积氮化硅。采用 CVD 技术在二氧化硅上面沉淀氮化硅。

③ 第三次光刻。用第三块光刻掩膜板进行光刻,光刻的目的是使除有源区上方的光刻胶之外,其他部分的光刻胶易于刻蚀。

④ 刻蚀。当光刻胶被刻蚀之后,采用等离子体干法刻蚀技术将暴露在外的氮化硅刻蚀掉,进而形成有源区。

(4) P 型场注入,这一阶段的示意图如图 3-4 所示。

有源区与 N 阱都不需要进行 P 型场注入。P 型场注入的过程如下:

① 光刻。在硅表面涂胶之后,采用步骤(2)所用的第一块光刻掩膜板进行光刻,其目的是使 N 阱上方的光刻胶不易被刻蚀。

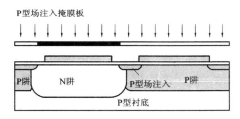

图 3-4　P 型场注入

② 刻蚀。采用湿法刻蚀除去其他部分的光刻胶。

③ 进行 P 型杂质注入。其目的是提高 N 阱外非有源区表面的浓度,这样可以有效地防止由于金属线经过而带来的寄生 MOS 管。

(5) 制备耗尽型 MOS 管,这一阶段的示意图如图 3-5 所示。

① 由于模拟集成电路中,有些设计需要耗尽型 MOS 管,这样在 CMOS 工艺中必须加一块光刻掩膜板,其目的是使得非耗尽型 MOS 管部分的光刻胶不易被刻蚀,然后通过离子注入和

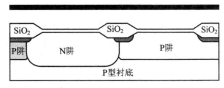

图 3-5　耗尽型 MOS 管

退火、再分布工艺,改变耗尽型 MOS 管区有源区的表面浓度,使 MOS 管不需要栅电压就可以开启工作。

② 然后采用干氧—湿氧—干氧的方法进行场氧制备,其目的是使除有源区部分以外的硅表面生长一层较厚的二氧化硅,防止寄生 MOS 管的形成。

③ 再采用干法刻蚀技术除去所有的氮化硅,并将底氧化层也去除,在清洗以后进行栅氧化,生长一层高质量的氧化层。

④ 最后采用阈值电压调整。所谓阈值电压调整就是在有源区的表面再进行一次离子注入，使阈值电压达到所需值。在栅氧化之后可分别采用步骤(1)和(2)所用的光刻掩膜板对 PMOS 管和 NMOS 管进行阈值电压调整。如果不进行阈值电压的调整就已经得到了满意的阈值电压，则调整工艺可省略，视具体情况进行选择。

(6) 制备多晶栅，这一阶段的示意图如图 3-6 所示。因为栅区必须在源和漏扩散区正中间，并需要覆盖源区和漏区，所以第二次光刻以及形成铝栅电极的光刻，都必须和第一次光刻的位置精确对准。否则，栅区与源区或漏区就可能衔接不上，使沟道断开，致使 MOS 管无法工作。因此，设计这类晶体管时往往让栅区宽度比源区和漏区扩散区的间距要大一些，光刻时使栅区的两端分别落在源和漏扩散区上并有一定余量，由此便产生了较大的栅区对源区和漏区的覆盖电容，使电路的开关速度降低。随硅栅工艺的发展，已实现栅与源和漏的自对准。运用最多的是硅栅自对准工艺，即栅在工艺流程中两次扮演掩膜的角色，由于栅的屏蔽作用，N 型杂质不能进入栅的下面，因此在栅的两边形成了独立的两块 N 型区域。该过程可分成以下几个步骤：

① 沉积与掺杂。采用 CVD 技术在硅片表面沉积一层多晶硅薄膜，在沉积多晶硅薄膜的同时，在反应室中通入掺杂元素，通常采用多晶硅掺磷(N 型掺杂)。

② 光刻。在多晶硅表面涂胶，通过光刻，使多晶硅栅上方的光刻胶不易被刻蚀，而易于刻蚀其他部分的光刻胶。

③ 刻蚀。采用干法刻蚀技术刻蚀掉暴露在外面的多晶硅，再去除所有的光刻胶，剩下的多晶硅就是最终的多晶硅栅。

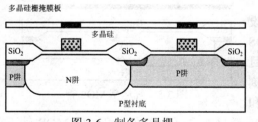

图 3-6　制备多晶栅

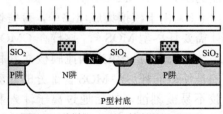

图 3-7　制备 NMOS 管的源、漏区

(7) 制备 NMOS 管的源、漏区，这一阶段的示意图如图 3-7 所示。该过程可分成以下两个步骤：

① 光刻。在硅表面涂上胶，然后利用光刻掩膜板进行光刻，其目的是使制备 PMOS 管的区域和 NMOS 管的衬底接触孔的区域上方的光刻胶不易被刻蚀。

② 离子注入。在刻蚀掉易被刻蚀的光刻胶之后进行高浓度的砷离子注入，

这样在 NMOS 管的源、漏区和 PMOS 管的衬底接触孔区域形成了重掺杂接触区，而 NMOS 管的沟道区由于多晶硅栅的屏蔽而不会受到任何影响。

(8) 制备 PMOS 管的源、漏区，这一阶段的示意图如图 3-8 所示。该过程可分成以下两个步骤：

① 光刻。在硅表面涂上胶，然后利用光刻掩膜板进行光刻，其目的是使制备 NMOS 管的区域和 PMOS 管的衬底接触孔的区域上方的光刻胶不易被刻蚀。

② 离子注入。在刻蚀掉易被刻蚀的光刻胶之后进行高浓度的硼离子注入，这样在 PMOS 管的源、漏区和 NMOS 管的衬底接触孔区域形成了重掺杂接触区，而 PMOS 管的沟道区由于多晶硅栅的屏蔽而不会受到任何影响。

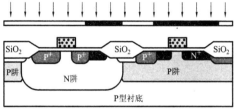

图 3-8　制备 PMOS 管的源、漏区

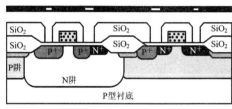

图 3-9　制备接触孔

(9) 制备接触孔，这一阶段的示意图如图 3-9 所示。

在步骤(7)和(8)之后还要进行退火、再分布等工艺，最终形成的 NMOS 管和 PMOS 管的源、漏区和各自的衬底接触孔。制备接触孔的过程如下：

① 沉积与光刻。采用 CVD 技术在硅表面沉积一层较厚的二氧化硅薄膜，然后在表面涂胶，再利用光刻掩膜板进行光刻，使接触孔区域的胶易于被刻蚀。

② 刻蚀。除去接触孔区域的光刻胶，然后采用湿法刻蚀工艺除去接触孔区域的所有二氧化硅。同时采用低温回流技术使硅片上台阶的陡度降低，形成缓坡台阶。其目的是改善金属引线的断条情况。

(10) 制备第一层金属引线(一般为铝)。通过溅渡的方法在硅表面沉积一层金属层，作为第一层金属引线材料，然后在金属表面涂上胶，再利用光刻掩膜板进行光刻，使引线隔离区的光刻胶易于被刻蚀，去除这部分光刻胶，再采用干法刻蚀技术刻蚀其下方的金属铝。其示意图如图 3-10 所示。

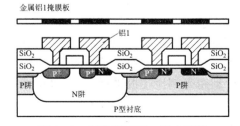

图 3-10　干法刻蚀第一层金属铝

(11) 制备第一层金属与第二层金属之间的连接通孔，这一阶段的示意图

如图 3-11 所示。经过一系列的工艺加工，硅表面已经是高低起伏，如不做特殊处理而直接沉积介电材料，则这种起伏会更大，使得第二层金属加工在曝光聚焦上产生困难。因此，双层金属引线间的介电材料就要求具有平坦度。或者说，要利用这层材料使得硅表面变得平坦。该过程可以分成以下几个步骤：

① 平坦介电材料过程。目前采用的技术是：首先采用 CVD 技术沉积一层二氧化硅，然后利用旋涂法再制作一层新的二氧化硅，最后再采用 CVD 技术沉积二氧化硅，完成平坦的介电材料制作过程。

② 介电材料的产生。最重要的是中间一层二氧化硅的产生，它并不是普通的二氧化硅，而是采用了液态的含有介电材料的有机溶剂，用旋涂法将这种溶剂涂布在硅片表面，利用溶剂的流动性来填补硅表面的凹处，然后经过热处理去除溶剂，留下的介电材料就是二氧化硅。

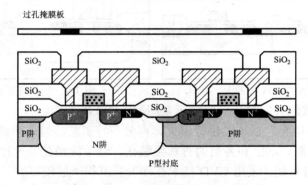

图 3-11　制备第一层与第二层金属铝之间的通孔

③ 连接通孔的制作。通过光刻和刻蚀工艺制备出第一层金属与第二层金属之间的连接通孔，目的是构造双层金属间的连接。

(12) 制备第二层金属引线，这一阶段的示意图如图 3-12 所示。这步工艺与步骤(11)相类似，制备第二层金属引线。通过溅渡的方法在硅表面沉积一层金属层，作为第二层引线材料，然后在金属表面涂上胶，再利用光刻掩膜板进行光刻，使引线隔离区的光刻胶易于被刻蚀，去除这部分光刻胶，再采用干法刻蚀技术刻蚀其下方的金属铝。

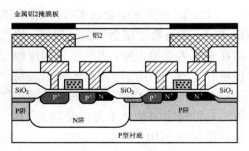

图 3-12　制备第二层金属铝

(13) 钝化处理，这一阶段的示意图如图 3-13 所示。在硅圆片的表面涂上钝化材料，一般采用磷硅玻璃。然后通过光刻和刻蚀工艺将 PAD 上的钝化刻蚀掉，作为与外界的连接点，而硅片的其他部分都有钝化层的保护。钝化层可以有效地防止外界对器件表面的影响，从而保证了器件及电路的稳定性。

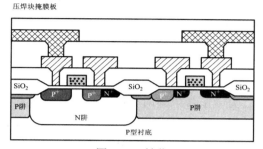

图 3-13　钝化

注意：对于双多晶三铝或双多晶五铝等 CMOS 工艺，过程与以上的步骤相似，不同之处在于多一次多晶的制备，三铝、五铝的制备及其相互之间的通孔的制备，而其多出的多晶与铝线及通孔的制备过程采用上面介绍的相关步骤即可。

图 3-14 所示的是一个典型的简易 BiCMOS 工艺版图的剖面图，图中采用双阱工艺。

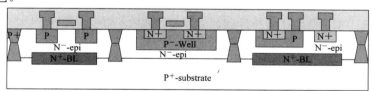

图 3-14　BiCMOS 双阱工艺

图 3-15 所示的是一个 NMOS 管的三维剖面示意图。

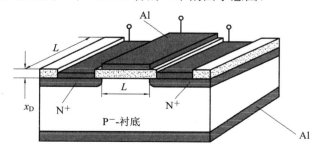

图 3-15　NMOS 管三维剖面示意图

3.2 CMOS 集成电路中基本器件的工作原理

N 型半导体中的多数载流子是电子；P 型半导体中的多数载流子是空穴。在杂质半导体中，多数载流子的浓度主要取决于掺入的杂质的浓度，而少数载流子的浓度与温度密切相关。由于 MOS 管的电流大小由沟道中的多数载流子决定，而三极管的电流对于集电极来说是由少数载流子决定的，因此 MOS 管比三极管更稳定。

当一个导体靠近另一个带电体时，在导体表面会引起符号相反的感生电荷。表面空间电荷层和反型层实际上就属于半导体表面的感生电荷。图 3-16 为 MOS 管沟道生成示意图。如图 3-16(a)和图 3-16(b)所示，在 N 型半导体的栅上加正电压和在 P 型半导体的栅上加负电压，所产生的感生电荷是被吸引到表面的多数载流子，这一过程在半导体体内引起的变化并不很显著，只是使载流子浓度在表面附近较体内有所增加。

如图 3-16(c)和图 3-16(d)所示，在 N 型半导体的栅上加负电压和在 P 型半导体的栅上加正电压，所感生的电荷与图 3-16(a)和图 3-16(b)相反，电场的作用使多数载流子被排斥远离表面，从而在表面形成耗尽层，与 PN 结的情形类似，这里的耗尽层也是由电离施主或电离受主构成的空间电荷区。由于外加电场的作用，半导体中多数载流子被排斥到远离表面的体内，而少数载流子则被吸引到表面。少子在表面附近聚集而成为表面附近区域的多子，通常称之为反型载流子。

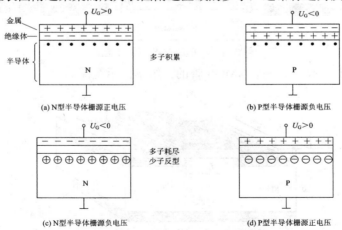

图 3-16 MOS 管沟道生成示意图

图 3-17 为一个 NMOS 管的工作原理示意图，一个 NMOS 管可以看成是一个四端口器件：源端、漏端、栅端和衬底端。先考察一个更简单的器件：MOS电容，它能更好地去理解 MOS 管。这个器件有两个电极：一个是金属；另一个是半导体。它们之间由一薄层二氧化硅分隔开。金属极就是栅端，而半导体端就是背栅或者衬底端。图 3-17 所示的器件有一个轻掺杂 P 型硅做成的背栅。这个 MOS 电容的电特性能通过把背栅接地、栅端接不同的电压来说明。MOS电容的栅电位是 0 V。金属栅和半导体背栅的电压差在电介质上产生了一个小电场。在器件中，这个电场使金属极带轻微的正电位，P 型硅带负电位；这个电场把硅中底层的电子吸引到表面来，它同时把空穴排斥出表面；这个电场太弱了，因此载流子浓度的变化非常小，对器件整体的特性影响也非常小。

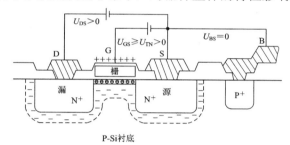

图 3-17　NMOS 管工作原理示意图

当 MOS 电容的栅相对于背栅正偏置时发生的情况。穿过栅与背栅之间的绝缘层的电场加强了，有更多的电子从衬底被拉了上来。同时，空穴被排斥出表面。随着栅电压的升高，会出现表面的电子比空穴多的情况。由于过剩的电子，硅表层看上去就像 N 型硅。掺杂极性的反转被称为反型，反转的硅层称为沟道。随着栅端电压的持续不断升高，越来越多的电子在表面积累，沟道变成了强反型层。导电沟道形成时的电压被称为阈值电压 U_{th}。当栅和背栅之间的电压差小于阈值电压时，不会形成导电沟道；当电压差超过阈值电压时，导电沟道就出现了。

如图 3-18(a)、图 3-18(b)、图 3-18(c)所示，从 MOS 管电容的角度来分阶段分析 NMOS 管工作的状态：图 3-18(a)为未偏置($U_{BG} = 0$ V)，图 3-18(b)为反转($U_{BG} = 3$ V)；图 3-18(c)为积累($U_{BG} = -3$ V)。当 MOS 电容的栅端相对于背栅是负电压的情况时，电场反转，往表面吸引电子，排斥空穴，如图 3-18(b)所示。硅表层看上去有更重的掺杂了，这个器件被认为是处于积累电荷状态。MOS 电容的特性形成了 MOS 管。栅、电介质和背栅保持原样。在栅的两边是两个额外的选择性掺杂的区域：其中一个称为源；另一个称为漏。假设源端和背栅都接地，漏端接正电压。只要栅端对背栅端的电压仍旧小于阈值电压，就不会形成导电沟道。漏端和背栅之间的 PN 结反向偏置，所以只有很小的电流从漏端流向背栅。如果栅端电压超过了阈值电压，在栅端电介质下就出现了导电沟道。这个导电沟道就像一薄层短接漏端和源端的 N 型硅。由电子组成的电流从漏端通过导电沟道流到源端。总体来说，只有在栅端电压对源端电压 U 超过阈值电压 U_{th} 时，才会有漏端电流。

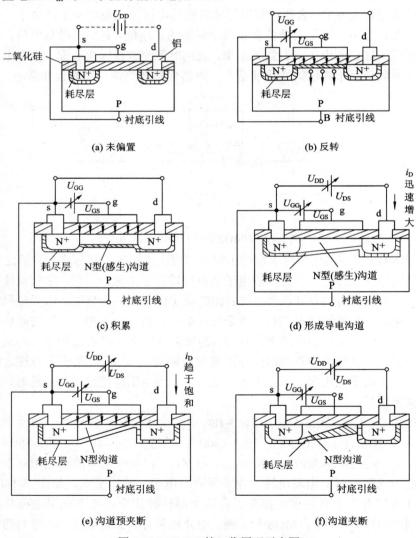

(a) 未偏置

(b) 反转

(c) 积累

(d) 形成导电沟道

(e) 沟道预夹断

(f) 沟道夹断

图 3-18　NMOS 管工作原理示意图

如图 3-18(d)、图 3-18(e)、图 3-18(f)所示，当导电沟道一旦形成，则沟道的形状不仅与栅–源电压有关，还与漏–源端电压值大小有关。如图 3-18(d)所示，当源-漏电压值不是太大，即导电沟道没有被夹断之前，沟道的宽度是由栅–源电压值决定。当栅–源电压 U_{GS} 变大时，流过漏端的电流值迅速变大。同时，如果增大漏–源压差值，流过漏端的电流值也会变大。如图 3-18(e)所示，

当 U_{GS} 值固定，漏–源电压值增大到一定值时，此时由于栅–漏电压值刚好减小至开启电压，此时靠近漏端的沟道开始夹断，漏端电流趋于饱和状态。在图 3-18(f)中，进一步增大漏–源端电压，沟道长度继续变短，再增加漏–源端电压时，漏端电流值大小会维持不变，漏端电流进入饱和状态。

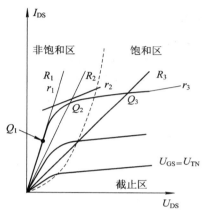

图 3-19　MOS 管电流特性曲线

根据上述分析的结果，可以把 MOS 管的电流特性与栅–源、漏–源电压之间的关系用图形描述，这就是 MOS 管的电流特性曲线，如图 3-19 所示。

用公式描述如下，电流方程分别为非饱和、饱和区以及截止区。

$$I_{DS} = K_N[2(U_{GS} - U_{TN})U_{DS} - U_{DS}^2]$$
$$U_{GS} \geq U_{TN}, U_{DS} < U_{GS} - U_{TN}$$
$$I_{DS} = K_N(U_{GS} - U_{TN})^2 \left(1 + \lambda U_{DS}\right)$$
$$U_{GS} \geq U_{TN}, U_{DS} \geq U_{GS} - U_{TN} \tag{3-1}$$
$$I_{DS} = 0$$
$$U_{GS} < U_{TN}$$

其中

$$K_N = K_N'\left(\frac{W}{L}\right), \quad K_N' = \frac{\mu_n \varepsilon_{ox}}{2t_{ox}}$$

在对称的 MOS 管中，对源端和漏端的标注有一点任意性。从定义上讲，载流子流出源端，流入漏端。因此源端和漏端的身份就靠器件的偏置来决定了。有时晶体管上的偏置电压是不定的，两个引线端就会互相对换角色。在这种情况下，电路设计师必须指定一个是漏端另一个是源端。

在源端和漏端掺杂不同几何形状的就是非对称 MOS 管。非对称晶体管的一个引线端被优化作为漏端，另一个被优化作为源端。如果漏端和源端对调，这个器件就不能正常工作了。

有 N 型沟道的晶体管称为 N-channel MOS(NMOS)管。有 P 型沟道的晶体管则称为 P-channel MOS(PMOS)管，是一个由轻掺杂的 N 型背栅和 P 型源端和漏端组成的 PMOS 管。如果这个晶体管的栅端相对于背栅正向偏置，电子就被吸引到表面，空穴就被排斥出表面。硅的表面就积累，没有导电沟道形成。如果栅端相对于背栅反向偏置，空穴被吸引到表面，导电沟道就会形成。因此 PMOS 管的阈值电压是负值。由于 NMOS 管的阈值电压是正的，PMOS 的阈值电压是负的，所以工程师们通常会去掉阈值电压前面的符号。

MOS 管工作特性的一个重要指标是工作的速度 f_m。MOS 管的工作速率由以下公式决定

$$f_m \propto \frac{\mu}{2\pi L^2}(U_{GS} - U_{TN}) \tag{3-2}$$

式中，μ 表示载流子的运动速度；L 沟道长度表示载流子运动的路程；$(U_{GS}-U_{TN})$ 表示载流子的数量。

要提高 MOS 管的工作速度，则 MOS 管的沟道长 L 越小越好。这就是特征尺寸的由来，即工艺制造过程中能制造出的最小多晶硅栅极长度。由于特征尺寸的变小，出现短沟道，就会出现短沟道效应和窄沟道效应，其中最主要的有阈值电压随衬底电压变化而变化、漏端感应势垒降低、载流子速度饱和、亚阈特性退化以及热载流子效应等。

3.3　基于工艺参数的全定制集成电路设计

为了更好地设计集成电路，芯片厂家会建立自己的工艺库文件。这些工艺库文件包括：

(1) 画原理图所需的库文件，包括模拟基本单元库文件，如电源、地、MOS 管以及输入/输出端口等。

(2) 画版图时的显示文件，如"Display.drf"文件和"Techfile.cds"文件，在画版图时，这些文件通常会在"'层'选择"窗口(LSW)中显示。并且在流片时需要把这些层次映射出来，如表 3-1 所示。

表 3-1　掩膜板层编号映射表

掩 膜 板 层	编　号	说　明
N 阱(N_WELL)	1	
有源区(ACTIVE)	2	
多晶硅(POLY)	3	
N⁺区(N PLUS SELECT)	4	
P⁺区(P PLUS SELECT)	4	
多晶硅 2(POL Y2)	11、12、13	可选用
引线接触(CONTACT)	5、6、13	
多晶硅接触孔(POLY CONTACT)	5	
有源区接触孔(ACTIVE CONTACT)	6	
多晶硅 2 接触孔(POL Y2 CONTACT)	13	
金属 1(METAL1)	7	
通孔(VIA)	8	金属 1 与金属 2 连接
金属 2(METAL2)	9	
通孔 2(VIA2)	14	金属 2 与金属 3 连接
金属 3(METAL3)	15	
钝化层(GLASS)	10	

(3) SPICE 仿真模型文件：".lib"文件。

Hspice 软件是模拟集成电路业界公认的仿真软件。设计好电路后，可以直接从电路图中导出一个用于仿真的网表文件。在"命令编译"窗口(CIW)中，点击"File→Export→CDL…"，如图 3-20 所示。

图 3-20　导出 Hspice 网表

在如图 3-21 所示的窗口中，点击"Library Browser"按钮，选取一个原理图。填写输出文件存放的绝对路径及文件名。

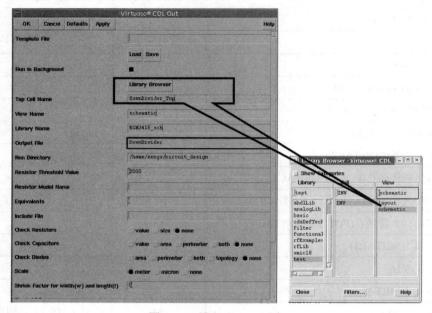

图 3-21　导出 Hspice 网表

在相应目录打开文件如图 3-22 所示。

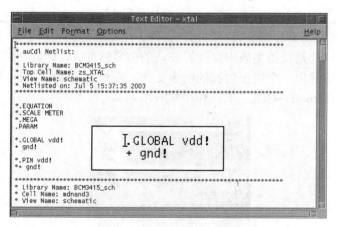

图 3-22　Hspice 网表示例

(1) 首先需将 GLOBE 前的"*"去掉，"*"表示"注释"。

(2) 网表中的"+"表示"接上行"。

（3）为了能让 Hspice 软件进行仿真，还需在网表后加入：引用库、激励、仿真的类别与要求等，如图 3-23 所示。

图 3-23　Hspice 仿真网表示例

网表修改完成后，进入到"tmp"目录下进行仿真，如图 3-24 所示。

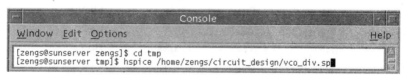

图 3-24　Hspice 仿真

此时，运行的输出结果将显示在"Console"窗口中，若想保留该结果，可使用">"符号，如图 3-25 所示。

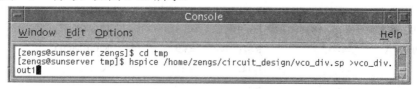

图 3-25　Hspice 仿真

Hspice 的输出波形文件为"tr0"文件，它可用 awaves 命令打开查看，如图 3-26 所示。

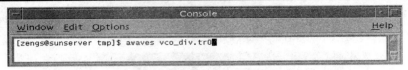

图 3-26   打开 Hspice 仿真波形文件

设计的电路需要经过仿真以检测其正确性。在仿真的时候要涉及电路建模的问题。BSIM3 模型中的参数是电路设计者根据的典型参数。其定义如下：

*T6BE SPICE BSIM3 VERSION 3.1 PARAMETERS

*SPICE 3f5 Level 8, Star-HSPICE Level 49, UTMOST Level 8

.MODEL CMOSN NMOS(

					LEVEL	=49
+VERSION	=3.1	TNOM	=27	TOX	=5.6E-9
+XJ	=1E-7	NCH	=2.3549E17	VTHO	=0.3703728
+K1	=0.4681093	K2	=7.541163E-4	K3	=1E-3
+K3B	=1.6723088	WO	=1E-7	NLX	=1.586853E-7
+DVTOW	=0	DVT1W	=0	DVT2W	=0
+DVTO	=0.5681239	DVT1	=0.6650313	DVT2	=-0.5
+UO	=284.0529492	UA	=-1.538419E-9	UB	=2.706778E-18
+UC	=2.748569E-11	VSAT	=1.293771E5	AO	=1.5758996
+AGS	=0.2933081	BO	=-5.433191E-9	B1	=-1E-7
+KETA	=-4.899001E-3	A1	=3.196943E-5	A2	=0.5018403
+RDSW	=126.2217131	PRWG	=0.5	PRWB	=-0.2
+WR	=1	WINT	=0	LINT	=1.34656E-9
+XL	=0	XW	=-4E-8	DWG	=-1.127362E-8
+DWB	=-3.779056E-9	VOFF	=-0.0891381	NFACTOR	=1.29317
+CIT	=0	CDSC	=2.4E-4	CDSCD	=0
+CDSCB	=0	ETAO	=6.291887E-3	ETAB	=3.385328E-4
+DSUB	=0.0449797	PCLM	=1.5905872	PDIBLC1	=1
+PDIBLC2	=2.421388E-3	PDIBLCB	=-0.0752287	DROUT	=0.9999731
+PSCBE1	=7.947415E10	PSCBE2	=5.8496E-10	PVAG	=1.01007E-7
+DELTA	=0.01	RSH	=3.9	MOBMOD	=1
+PRT	=0	UTE	=-1.5	KT1	=-0.11
+KT1L	=0	KT2	=0.022	UA1	=4.31E-9
+UB1	=-7.61E-18	UC1	=-5.6E-11	AT	=3.3E4
+WL	=0	WLN	=1	WW	=0
+WWN	=1	WWL	=0	LL	=0

+LLN	=1	LW	=0	LWN	=1
+LWL	=0	CAPMOD	=2	XPART	=0.5
+CGDO	=4.65E-10	CGSO	=4.65E-10	CGBO	=5E-10
+CJ	=1.698946E-3	PB	=0.99	MJ	=450283
+CJSW	=3.872151E-10	PBSW	=0.8211413	MJSW	=0.2881135
+CJSWG	=3.29E-10	PBSWG	=0.8211413	MJSWG	=0.2881135
+CF	=0	PVTHO	=-9.283858E-3	PRDSW	=-10
+PK2	=4.074676E-3	WKETA	=7.164908E-3	LKETA	=-7.349276E-3)

*

任何一个工艺线的工艺都存在一定的误差，因此模型参数也会出现离散，文件中给出的模型参数通常是典型值。参数偏差的描述方法如表 3-2 所示。

(1) TT(Typical Model)模型。

(2) SS(Slow NMOS Slow PMOS Model)模型。

(3) FF(Fast NMOS Fast PMOS Model)模型。

(4) SF(Slow NMOS Fast PMOS Model)模型。

(5) FS(Fast NMOS Slow PMOS Model)模型。

表 3-2　参数偏差的描述方法

TT 模型	SS 模型	FF 模型
.LIB TT	.LIB SS	.LIB FF
.param toxp = 5.8E-9	.param toxp = 6.1E-9	.param toxp = 5.5E-9
+toxn = 5.8E-9	+toxn = 6.1E-9	+toxn = 5.5E-9
+dxl = 0 dxw = 0	+dxl = 2.5E-8 dxw = -3E-8	+dxl = -2.5E-8 dxw = 3E-8
+dvthn = 0 dvthp = 0	+dvthn = 0.06 dvthp = -0.06	+dvthn = -0.06 dvthp = 0.06
+cjn = 2.024128E-3	+cjn = 2.2265408E-3	+cjn = 1.8217152E-3
+cjp = 1.931092E-3	+cjp = 2.1242E-3	+cjp = 1.738E-3
+cjswn = 2.751528E-10	+cjswn = 3.0266808E-10	+cjswn = 2.4763752E-10
+cjswp = 2.232277E-10	+cjswp = 2.4555E-10	+cjswp = 2.009E-10
+cgon = 3.11E-10	+cgon = 3.421E-10	+cgon = 2.799E-10
+cgop = 2.68E-10	+cgop = 2.948E-10	+cgop = 2.412E-10
+cjgaten = 2.135064E-10	+cjgaten = 2.3485704E-10	+cjgaten = 1.9215576E-10
+cjgatep = 1.607088E-10	+cjgatep = 1.7678E-10	+cjgatep = 1.4464E-10
.lib '<ModelFile>' MOS	.lib '<ModelFile>' MOS	.lib '<ModelFile>' MOS
.ENDL TT	.ENDL SS	.ENDL FF

续表

SF 模型	FS 模型	NMOS 模型中描述例句
.LIB SF	.LIB FS	TOX　　　= toxn
.param toxp = 5.8E-9	.param toxp = 5.8E-9	XL　　　= '3E-8 + dxl'
+toxn = 5.8E-9	+toxn = 5.8E-9	XW　　　= '0 + dxw'
+dxl = 0 dxw = 0	+dxl = 0 dxw = 0	VTH0 = '0.4321336+dvthn'
+dvthn = 0.06 dvthp = 0.06	+dvthn=-0.06 dvthp = -0.06	CJ　　　= cjn
+cjn = 2.2265408E-3	+cjn = 1.8217152E-3	CJSW　　= cjswn
+cjp = 1.738E-3	+cjp = 2.1242E-3	CGDO　　= 'cgon'
+cjswn = 3.0266808E-10	+cjswn = 2.4763752E-10	CGSO　　= 'cgon'
+cjswp = 2.009E-10	+cjswp = 2.4555E-10	CJSWG　　= cjgaten
+cgon =　3.11E-10	+cgon =　3.11E-10	
+cgop = 2.68E-10	+cgop = 2.68E-10	
+cjgaten = 2.3485704E-10	+cjgaten = 1.9215576E-10	
+cjgatep = 1.4464E-10	+cjgatep = 1.7678E-10	
.lib '<ModelFile>' MOS	.lib '<ModelFile>' MOS	
.ENDL SF	.ENDL FS	

一般在电路仿真时需要考虑 FF、SS 和 TT 的情况。

现在以设计一个三级的环形振荡器为例，说明如何利用工艺参数设计出能满足性能指标的电路。考虑一个 N 级 CMOS 反相器组成的单端环形振荡器，其结构如图 3-27 所示。

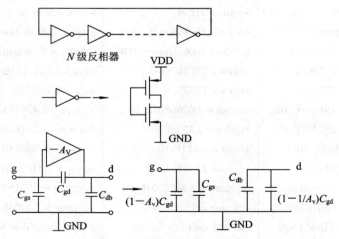

图 3-27　N 级环形振荡器结构图

　　每级反相器的延时由两部分组成：NMOS 的下降沿延时 t_{dN} 和 PMOS 的上升沿延时 t_{dP}。反相器的输入是一个幅度为电源电压值 U_{DD} 的阶跃信号 $U(t)$，则根据传播延时的定义，NMOS 管的延时 t_{dN} 有式(3-3)成立，即

$$\int_0^{t_{\text{dN}}} \frac{i_{\text{N}}}{C} \, \mathrm{d}t = \frac{U_{\text{DD}}}{2} \tag{3-3}$$

则环振的中心振荡频率 f_0 为

$$f_0 = \frac{2}{NCU_{\text{DD}}} \left(\frac{1}{I_{\text{N}}} + \frac{1}{I_{\text{P}}} \right)^{-1} \tag{3-4}$$

式中，I_{N} 和 I_{P} 分别是 NMOS 管和 PMOS 管的直流分量。

　　当 MOS 管处于翻转状态时，NMOS 管和 PMOS 管都工作在饱和区，并且 $I_{\text{N}} = I_{\text{P}}$，出于计算方便，用 NMOS 管的电流进行计算，即

$$
\begin{aligned}
I_{\text{N}} &= \frac{1}{2} \mu_{\text{n}} C_{\text{ox}} \frac{W}{L} (U_{\text{GS}} - U_{\text{TH}})^2 \\
&= \frac{1}{2} \mu_{\text{n}} C_{\text{ox}} \frac{W}{L} (U_{\text{DD}} - U_{\text{TH}})^2
\end{aligned} \tag{3-5}
$$

　　负载电容 C 由本级的等效输出电容和下一级等效输入电容组成，如图 3-12 所示。根据密勒定理，本级的输入、输出等效电容见式(3-36)，即

$$C_{\text{in}} = (1 + g_{\text{m}} R_{\text{eq}}) C_{\text{gd}} + C_{\text{gs}} \tag{3-6(a)}$$

$$C_{\text{out}} = \left(1 + \frac{1}{g_{\text{m}} R_{\text{eq}}} \right) C_{\text{gd}} + C_{\text{db}} \tag{3-6(b)}$$

式中，增益 $A_{\text{v}} = -g_{\text{m}} R_{\text{eq}}$。

　　所以每级倒相器的负载电容 C 为

$$
\begin{aligned}
C &= (1 + g_{\text{m}} R_{\text{eqP}}) C_{\text{gdN}} + C_{\text{gsN}} + \left(1 + \frac{1}{g_{\text{m}} R_{\text{eqP}}} \right) C_{\text{gdN}} + C_{\text{dbN}} \\
&\quad + (1 + g_{\text{m}} R_{\text{eqN}}) C_{\text{gdP}} + C_{\text{gsP}} + \left(1 + \frac{1}{g_{\text{m}} R_{\text{eqN}}} \right) C_{\text{gdP}} + C_{\text{dbP}}
\end{aligned} \tag{3-7}
$$

　　在数字反相器中，输入和输出间的大信号增益总是等于 -1，所以式(3-7)可以简化成

$$C = 4C_{gdN} + C_{gsN} + C_{dbN} + 4C_{gdP} + C_{gsP} + C_{dbP}$$

$$= 4C_{oN}W_N + C_{oxN}W_N L_N + \left(K_{eqN}\, AD_N CJ + K_{eqswN}\, PD_N\, CJSW \right)$$

$$+ 4C_{oP}W_P + C_{oxP}W_P L_P + \left(K_{eqP}\, AD_P CJ + K_{eqswP}\, PD_P CJSW \right)$$

$$(3\text{-}8)$$

式中，C_o 是每单位晶体管宽度的覆盖电容；C_{ox} 是栅氧单位面积电容；$C_{ox} = \varepsilon_{ox}/t_{ox}$；AD 为漏区面积；CJ 为零偏置条件下底板单位面积的扩散电容；K_{eq} 为偏置系数(P 和 N 都有)；PD 为漏区的周长；CJSW 为零偏置条件下侧壁单位晶体管宽度的结电容；K_{eqsw} 为偏置系数(P 和 N 都有)。除去 AD 和 PD 由版图尺寸决定以外，所有参数在 BSIM3 模型中都有定义。其中偏置系数的定义为

$$K_{eq} = \frac{-\phi_0^m}{(U_{high} - U_{low})(1-m)}\left[(\phi_0 - U_{high})^{1-m} - (\phi_0 - U_{low})^{1-m} \right] \qquad (3\text{-}9)$$

式中，ϕ_0 是内建结电势，而 m 是结的梯度系数，它们在 BSIM3 模型中分别为 PB(Junction Potential)和 MJ(Junction Grading Coefficient)。因为传播延时的定义为在输入和输出翻转的 50% 之间的时间，所以 $U_{high} - U_{low} = U_{DD}/2$。

表 3-3 就是 0.25 μm、0.18 μm、0.13 μm 工艺下的各项寄生电容参数。

表 3-3 不同工艺的寄生电容参数表

	0.25 μm		0.18 μm		0.13 μm	
	NMOS	PMOS	NMOS	PMOS	NMOS	PMOS
C_o	0.31 fF/μm	0.27 fF/μm	0.37 fF/μm	0.42 fF/μm	0.36 fF/μm	0.434 fF/μm
C_{ox}	6 fF/μm²	6 fF/μm²	8.816 fF/μm²	8.816 fF/μm²	13.6 fF/μm²	13.6 fF/μm²
CJ	2 fF/μm²	1.9 fF/μm²	0.968 fF/μm²	1.07 fF/μm²	1.315 fF/μm²	1.22 fF/μm²
CJSW	0.28 fF/μm	0.22 fF/μm	0.0795 fF/μm	0.0898 fF/μm	0.104 fF/μm	0.0753 fF/μm
PB	0.9 V	0.9 V	0.7 V	0.817 V	0.791 V	0.785 V
PBSW	0.9 V	0.9 V	1 V	1 V	0.955 V	0.472 V
MJ	0.5 V	0.48 V	0.346 V	0.415 V	0.458 V	0.431 V
MJSW	0.44 V	0.32 V	0.538 V	0.489 V	0.593 V	0.346 V

以中芯国际(SMIC) 0.13 μm 工艺为例，K_{eq} 的值计算如下：

(1) NMOS 管：

输出由高至低的翻转期间：

$U_{high} = -1.2$ V，$U_{low} = -0.6$ V；

底板：$K_{eq}(m = 0.458, \phi_0 = 0.791) = 0.7085$；

侧板：$K_{eqsw}(m = 0.593, \phi_0 = 0.995) = 0.6852$。

输出由低至高的翻转期间：

$U_{high} = -0.6$ V，$U_{low} = 0$ V；

底板：$K_{eq}(m = 0.458, \phi_0 = 0.791) = 0.8706$；

侧板：$K_{eqsw}(m = 0.593, \phi_0 = 0.995) = 0.8627$。

(2) PMOS 管：

输出由高至低的翻转期间：

$U_{high} = -0.6$ V，$U_{low} = 0$ V；

底板：$K_{eq}(m = 0.431, \phi_0 = 0.785) = 0.8769$；

侧板：$K_{eqsw}(m = 0.346, \phi_0 = 0.472) = 0.8540$。

输出由低至高的翻转期间：

$U_{high} = -1.2$ V，$U_{low} = -0.6$ V；

底板：$K_{eq}(m = 0.431, \phi_0 = 0.785) = 0.7219$；

侧板：$K_{eqsw}(m = 0.346, \phi_0 = 0.472) = 0.6939$。

在设计电路的时候，为方便版图设计和工艺实现，一般选择 NMOS 管和 PMOS 管的长度相等，即 $L_N = L_P$，若 NMOS 和 PMOS 管的宽长比为 $(W/L)_P/(W/L)_N = \eta$，则 $W_P = \eta W_N$。因此负载电容 C 的值可由式(3-10)计算得到

$$C = (1+\eta)W_N \left[4C_0 + L_N C_{ox} + K_{eqN}\left(\frac{AD_N}{W_N}\right)CJ_N + K_{eqswN}\left(\frac{PD_N}{W_N}\right)CJSW_N \right]$$

(3-10)

因为 AD_N/W_N 和 PD_N/W_N 与版图形状密切相关，所以式(3-10)中括号内后两项用一个常量 C_{db} 来描述，则式(3-10)可重写为

$$C = (1+\eta)W_N \left[4C_0 + L_N C_{ox} + C_{db} \right]$$ (3-11)

从前面的章节分析可知，为使抖动值越小，振荡器控制字变化一位时带来延时变化 Δt 应尽量做小，但 Δt 越小数控振荡器的输出频率范围就会越窄，这样分辨率与输出频率范围两者之间必须进行折中。本次设计中选取 $\Delta t = 10$ ps，

$T_{\min} = 1.43$ ns，即 $f_{\max} = 700$ MHz；$T_{\max} = 5$ ns，即 $f_{\min} = 200$ MHz。为了达到设计要求，必须严格选取每级倒相器的尺寸。

定义每个倒相器 INV 的等效电阻值为 R_0，其负载由下一级倒相器 INV 及其并联的 37 个三态倒相器的栅电容组成。三态倒相器的栅电容与其工作状态无关，所以每个倒相器的负载 C_L 保持不变。第 1 行至第 $i(i = 1，2，\cdots，37)$ 行三态倒相器都打开与 INV 并联后每列的等效电阻值定义为 R_i，第 i 行每个三态倒相器的等效电阻为 r_i，其示意图如图 3-28 所示。

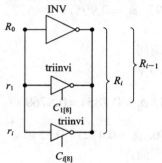

图 3-28　等效示意图

由于每个倒相器 INV 的情况完全相同，只需分析其中一个即可。控制字变化一位时带来延时变化 Δt 的计算公式为

$$\Delta t = 2 \times 0.69 \Delta R_i C_L = 1.38 C_L (R_{i-1} - R_{i-1} // r_i) \tag{3-12}$$

由式(3-12)中的后一个等式，可以求解出

$$r_i = R_{i-1} \left(\frac{R_{i-1}}{K} - 1 \right) \tag{3-13}$$

其中定义 $K = \dfrac{\Delta t}{1.38 C_L}$，则得到 R_i 的表达式为

$$R_i = R_{i-1} // r_i = R_{i-1} - K \tag{3-14}$$

递推得到

$$R_i = R_0 // r_1 // ... // r_i = R_0 - iK \tag{3-15}$$

即把式(3-15)代入式(3-13)，得到第 i 行三态倒相器的等效电阻 r_i，即

$$r_i = [R_0 - (i-1)K] \left\{ \frac{[R_0 - (i-1)K]}{K} - 1 \right\} \tag{3-16}$$

从噪声抑制能力来看，第一行倒相器 INV 的宽/长(W/L)比应该越大越好。但是同时应该考虑到 SMIC 0.13 μm 工艺下倒相器的驱动能力问题。如果 W/L 过大，导致 W 很大，这样倒相器的负载(下一级倒相器的栅电容)就会很大，有可能超出倒相器的驱动能力，导致环振的输出波形变形。经过多次的仿真测试，最后定出第一级倒相器的尺寸为$(W/L)_N$ = 19.4 μm/0.7 μm，$(W/L)_P$ = 7.76 μm/0.7 μm，根据 SMIC 0.13 μm 工艺参数可以算出 R_0 = 1.4 kΩ。控制字全部为 0 时环振的振荡周期为 $1/f_{min}$，此时每个倒相器的延时为 $0.69R_0C_L$，则最小振荡频率可由式(3-17)计算得到

$$\frac{1}{f_{min}} = 2 \times 9 \times 0.69 R_0 C_L \tag{3-17}$$

因此可以算出 K 的值为

$$K = \frac{\Delta t}{1.38 C_L} = \frac{\Delta t R_0}{1.38 R_0 C_L} = 25.2 \tag{3-18}$$

把 K = 25.2 和 R_0 = 1.4 kΩ 代入式(3-16)，每级三态倒相器的尺寸就很容易确定，这里就不一一列出。

以上计算均建立在栅电容与倒相器工作状态无关的假设之上，但实际电路中会有寄生电容带来的细微差异，即

$$\Delta t = (R + \Delta R)(C + \Delta C) - RC = \Delta RC + (R + \Delta R)\Delta C \tag{3-19}$$

由于 $\Delta C \propto WL$，且导通后电容值变小，即 $\Delta t \propto 1/WL$，设计时要考虑这个因素的存在。

数控振荡器的版图中，电源、地线在允许的范围内，应该画的越宽越好，这样可以降低由于电源、地线上引起的压降问题。同时电源、地线的布局布线以及导线之间填充材料的选择也是很讲究的。例如，在 32 nm 的工艺中，信号应选择较低层金属($M_1 \sim M_6$)走线，填充材料选择超低电容率 ILD(Inter Layer Dielectric)材料，以便达到最小导线 RC 延时。电源和地线则应该用较高层的金属层($M_7 \sim M_{10}$)来设计供电网络(Power Grid)，并采用高电容率(Thick And High K Inter Layer Dielectric)氧化材料填充。这样布线下来电源、地线耦合后的退耦电容较大，可以大大降低翻转噪声带来的抖动和相位噪声。

抽取寄生参数的规则参数说明如表 3-4 所示。每层材料抽取出来的寄生电容或者电阻都是按照一定的规则来进行。

表 3-4 抽取寄生参数的规则参数说明表

电学设计规则参数	参数说明
衬底电阻	
N 型衬底电阻率	均匀的 N 型衬底的电阻率
掺杂区薄层电阻 R_S	
P 阱薄层电阻	P 阱中每一方块的电阻值
N^+ 掺杂区薄层电阻	NMOS 源漏区和 N 型衬底接触区每一方块的电阻值
P^+ 掺杂区薄层电阻	PMOS 源漏区和 P 型衬底(P 阱)接触区每一方块的电阻值
多晶硅薄层电阻 R_S	
NMOS 多晶硅 R_S	NMOS 区域多晶硅薄层方块电阻
PMOS 多晶硅 R_S	PMOS 区域多晶硅薄层方块电阻
接触电阻	
N^+ 区接触电阻	N^+ 掺杂区与金属的接触电阻
P^+ 区接触电阻	P^+ 掺杂区与金属的接触电阻
NMOS 多晶硅接触电阻	NMOS 的多晶硅栅以及多晶硅引线与金属的接触电阻
PMOS 多晶硅接触电阻	PMOS 的多晶硅栅与金属的接触电阻
电容(单位面积电容值)	
栅氧化层电容	NMOS 和 PMOS 的栅电容
场区金属–衬底电容	在场区的金属和衬底间电容,氧化层厚度为场氧化厚度加上后道工艺沉积的掺磷二氧化硅层的厚度
场区多晶硅–衬底电容	在场区的多晶硅和衬底间电容,氧化层为场氧化层
金属–多晶硅电容	金属–二氧化硅–多晶硅电容,二氧化硅厚度等于多晶硅氧化的二氧化硅厚度加上掺磷二氧化硅层的厚度
NMOS 的 PN 结电容	零偏置下,NMOS 源漏区与 P 阱的 PN 结电容
PMOS 的 PN 结电容	零偏置下,PMOS 源漏区与 N 型衬底的 PN 结电容
其他综合参数	
NMOS 阈值电压	U_{TN}
PMOS 阈值电压	U_{TP}
P 型场区阈值电压	场区阈值电压,衬底为 P 型半导体(P 阱)
N 型场区阈值电压	场区阈值电压,衬底为 N 型半导体(N 型衬底)
NMOS 源漏击穿电压	NMOS 源漏击穿电压
PMOS 源漏击穿电压	PMOS 源漏击穿电压
NMOS 本征导电因子	K'_N
PMOS 本征导电因子	K'_P

3.4　工艺技术与设计技术的互动发展

工艺技术与电路设计技术两者相互促进。集成电路工艺的发展促进了电路设计和设计工具的发展，如图 3-29 所示。由简单一种 P 型材料和 N 型材料靠在一起，生成一个 PN 结，就构成了二极管。二极管的使用范围比较有限。随着工艺的发展，工艺上实现了两个 PN 结，分别出现结型场效应管和 MOS 管；开始实现一个管中含有三个 PN 结。工艺技术的发展促使芯片设计行业方向迅速从小规模集成芯片向片上系统(SoC)发展，EDA 软件设计技术也有了长足的发展。

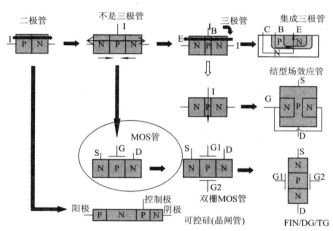

图 3-29　工艺技术发展促进电路设计技术发展的示意图

国外超深亚微米制造技术已进入实用期和大力发展期。在建设先进的生产线、掌握其制造加工技术的同时，芯片设计技术，尤其是超深亚微米制造工艺的芯片设计方法成为技术瓶颈。美国和日本的企业为了削减设计费用和时间，正在积极研究、开发新技术和新的 EDA 工具。SoC 芯片设计不仅需要有大量的系统知识，更需要有超大规模集成电路的设计方法和技术。它不是设备、设计工具、软件的设计环境的简单拼凑，而是设计经验和技术的有机整合。国外的芯片设计制造厂家都设有专门的芯片设计方法研究部门，并与 EDA 厂家保持着紧密的合作。各相关厂商对该技术的研究已有一定的基础，各 EDA 厂家不断推出深亚微米 SoC 用设计工具的新技术，虽然有些还存在一些问题，但已经达到可应用的程度，各 IC 设计制造公司也将自己开发的工具结合 EDA 厂家的工具构成各具特色的设计流程和方法。

SoC 要求 IC 设计在向着信号高速化、低噪声、多端口方向发展的同时，也促使封装技术向小型轻量化、高性能化及多芯片封装(Multi Chip Package)方向发展，并由二维高密度化技术向三维芯片集成化方向发展。集成电路的低成本、增强功能的发展趋势也要求对集成电路本身结构进一步改进或者去寻求新原理、新结构、新材料的器件。为突破集成电路发展的现有物理局限和材料局限而提供新的有效发展途径，三维集成电路(3D IC)应运而生。在近几年来，3D IC 引起了诸多科研机构的广泛关注，如 IBM、Intel、MIT、斯坦福大学、康奈尔大学等都在该领域进行了深入的研究工作，香港科技大学也在此方面进行了深入的探索。三维集成电路技术与平面工艺集成电路技术相比具有很显著的优点，即芯片面积减小、集成度提高、互连线缩短、R_C 互连延时降低等。

3.5 本 章 小 结

本章主要介绍了 CMOS 工艺实现的基本流程、MOS 管工作的基本原理以及仿真工具。详细介绍了如何使用 MOS 管的 BSIM3 模型中的参数来设计电路。最后介绍了半导体工艺技术的发展推动了集成电路设计的发展。集成电路的制造过程需要许多工序，每个工序都由一系列基本的操作构成。许多这些工序或操作在制造过程中都会多次重复的进行。工艺的发展能推动整个集成电路行业；新工艺的出现能带动集成电路设计的改革。

集成电路设计工具 ZENI

集成电路的发展严重依赖于芯片设计软件工具的发展。目前世界最流行的芯片设计软件厂商有 Cadence、Synopsys 和 Mentor 这三大巨头。软件主要有 Cadence 公司推出的 Virtuoso 软件、SoC Encounter 软件，Synopsys 公司推出的 ICC、Design Complier、Hspice 等其他软件，以及 Mentor 公司推出的版图验证软件 Calibre DRC&LVS 和 Olympus 等数字集成电路自动布局布线工具。

虽然以上三大软件工具各具特点，但是购买它们的版权许可证(License)价格偏贵，一般的小型公司和高校很难全套购买。目前国内有很多高校和公司致力集成电路软件开发，走在前沿的是北京华大九天软件有限公司(简称华大九天)。该公司成立于 2009 年 6 月，是由中国华大集成电路设计集团有限公司与国投高科技投资有限公司共同投资设立，专门从事 EDA 软件开发和服务。华大九天设计的 ZENI EDA 工具，目前在国内部分高校已经免费使用。

4.1 ZENI 工具简介

IC 设计工具很多，其中按市场所占份额排行为 Cadence、Mentor Graphics 和 Synopsys。这三家都是 ASIC 设计领域相当有名的软件供应商，而其他公司的软件相对来说使用者较少。华大公司也提供 ASIC 设计软件(熊猫 2000)。另外，近年来出名的 Avanti 公司是由原 Cadence 公司的几个华人工程师创立的，他们的设计工具可以全面与 Cadence 公司的工具相抗衡，非常适用于深亚微米的 IC 设计。下面按用途对 IC 设计软件做一些介绍。

1. 设计输入工具

输入是任何一种 EDA(电子设计自动化)软件必须具备的基本功能。像

Cadence 公司的 Composer，Viewlogic 公司的 Viewdraw，硬件描述语言 VHDL、Verilog HDL 是主要设计语言，许多设计输入工具都支持 HDL(如 Multisim 等)。另外像 Active-HDL 和其他的设计输入方法，包括原理和状态机输入方法，设计 FPGA/CPLD 的工具大都可作为 IC 设计的输入手段，如 Xilinx、Altera 等公司提供的开发工具 Modelsim FPGA 等。

2. 设计仿真工具

我们使用 EDA 工具的一个最大好处是可以验证设计是否正确，几乎每个公司的 EDA 产品都有仿真工具。Verilog-XL、NC-verilog 用于 Verilog 仿真，Leapfrog 用于 VHDL 仿真，Analog Artist 用于模拟电路仿真。Viewlogic 公司的仿真器有：Viewsim 门级电路仿真器、SpeedwaveVHDL 仿真器、VCS-verilog 仿真器。Mentor Graphics 公司有其子公司 Model Tech 出品的 VHDL 和 Verilog 双仿真器：Model Sim。Cadence、Synopsys 公司用的是 VSS(VHDL 仿真器)。现在的趋势是各大 EDA 公司都逐渐用 HDL 仿真器作为电路验证的工具。

3. 综合工具

综合工具可以把 HDL 变成门级网表。这方面 Synopsys 工具占有较大的优势，它的 Design Compiler 作为一个综合的工业标准，它还有另外一个产品被称为 Behavior Compiler，可以提供更高级的综合工具。

最近美国又开发出了一款 Ambit 软件，其综合能力优于 Synopsys 公司的 Design Compiler，可以综合 50 万门的电路，速度更快。Ambit 软件被 Cadence 公司收购，为此 Cadence 公司放弃了它原来的综合工具 Synergy。随着 FPGA 设计的规模越来越大，各 EDA 公司又开发了用于 FPGA 设计的综合软件，比较有名的有：Synopsys 公司的 FPGA Express；Cadence 公司的 Synplity；Mentor 公司的 Leonardo，这三家的 FPGA 综合工具占据了绝大部分市场。

4. 后仿真工具

在用户版图完成之后，对一些敏感电路版图需要进行带寄生参数的版图仿真验证，因为所有的互连线和连接孔都是有一定的电阻的，并且不同的互连线之间会产生寄生的电容，如果在版图完成之后有些连线太长，敏感线和其他的噪声比较多的线靠得太近，或者连接孔太少，都会对整个电路的性能带来很大的影响。主要的寄生参数提取工具如下：

1) xRC(Mentor)

Calibre xRC 是全芯片寄生参数提取工具，它提供晶体管级、门级和混合级别寄生参数提取的能力，支持多层次的分析和仿真。Calibre xRC 为模拟与混合信号 SoC(片上系统)设计工程师提供了一个独立于设计风格和设计流程的单一的寄生参数提取解决方案。对于模拟电路或者小型模块的设计工程师来说，Calibre xRC 提供高度的精确性以及与版图环境之间的高度集成。对于数字、大型模块以及全芯片的设计而言，Calibre xRC 的层次化多边形处理引擎为其提供了足够的性能。使用单一的寄生参数提取工具，设计小组可以避免维护和支持多种寄生参数提取工具所付出的昂贵代价。Calibre xRC 可以非常方便地在流行的版图环境中通过 Calibre Interactive 来实现调用。Calibre xRC 和 Calibre RVE 集成在一起，实现了模拟和数字结果的高效率调试，并且直接在版图或原理图中可以视化寄生参数。同 Calibre View 集成可以实现设计环境直接、重新地执行仿真。结合 Calibre LVS，Calibre xRC 是业界唯一已经被大规模应用验证了的可以精确反标源设计电路图的模拟与混合信号 SoC 工具。

2) Star-RCXT (Synopsys)

Synopsys 的 Star-RCXT 是 EDA 领域内寄生参数提取解决方案的黄金标准。该款工具为 ASIC、SoC、数字定制、内存和模拟电路的设计提供了一个统一的解决方案。Star-RCXT 已赢得 250 多家半导体公司的信任，并在数千项生产设计中得到了验证，它能提供快速、小于飞米(fm)级的技术。Star- RCXT 解决方案提供亚 65 nm 级设计所需的各种先进功能，包括变化敏感型(Variation-aware)寄生参数提取、基于化学机械研磨(CMP)的光蚀刻敏感型(Litho-aware)提取、电感参数提取以及模拟与混合信号的设计流程。这项解决方案能够与行业领先的物理验证、电路仿真、时序、信号完整性、功率、可靠性以及 RTL2GDSII 流程完美集成，具备无与伦比的易用性，并可提高生产率和缩短产品的上市周期。Star-RCXT 已为各家领先的代工厂所采用，以应对在 65 nm 和 45 nm 所遇到的工艺建模的挑战。

ZENI 工具是一个高性能的 EDA 工具，它提供了完全国产化 IC 设计的、从前端到后端的完全解决办法。它在一个普通设计平台上整合了 Schematic Editor(图形编辑器)、Layout Editor(布局编辑)、Layout Verification(布局核查)、Parasitic Extractor(寄生参数提取)和 Signal Integrity Analyzer(信号完整性分析)，并且设计数据可以很好地移植到其他 EDA 工具上。

ZENI 工具可以被很轻松地用于与其兼容的接口并具有很高的性能。它的 Schematic Editor、Layout Editor、 Layout Verification 和 Parasitic Extractor 都具有相对其他 EDA 工具的杰出优越性。由于其高速及高效的局部技术支持和服务，ZENI 工具从它的用户那里得到了信任和高度的赞扬。它现在被广泛应用于国内及国外的 IC 设计公司。

4.2　ZENI 工具的电路设计流程

图 4-1 所示的是利用国产 EDA 设计工具——ZENI 工具所进行电路设计的流程图。它包括从设计思路、原理图绘制、仿真、版图绘制等一直到最后导出标准设计的一个流程以及每个步骤对应使用到的 ZENI 工具的各个模块。

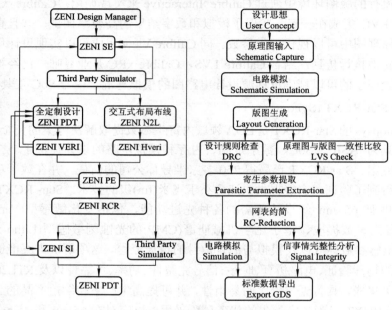

图 4-1　ZENI 工具设计电路的流程图

在这一章，将介绍 ZENI 工具的安装流程。ZENI 工具只能被安装在 Linux 系统环境下。

4.3　设置 ZENI 工具的工作环境

步骤 1：确定 ZENI 工具的许可证在有效日期内。

步骤 2：在安装 ZENI 工具前，应运行一个初始化文件来设置环境变量。(这里的"ZENI_INSTALL_PATH"是 ZENI 的安装路径。)

若用的是 .c shell 文件，请输入指令：

```
% source <ZENI_INSTALL_PATH>/setup.csh
```

若用的是 .bash 文件，请输入以下指令：

　　% source　　　　<ZENI_INSTALL_PATH>/setup.bash

　　步骤 3：用下面可选择的指令设置用户的 HOME(若只有一个用户，则忽略该步骤)。

　　　　% setenv ZENI_USER_HOME xxx　　　　(c shell)

　　　　% export ZENI_USER_HOME=xxx　　　(bash)

(这里的"xxx"是路径，推荐使用确定的路径。)

　　一些 ZENI 工具创建的资源文件将被存储在目录".zeni"下。目录".zeni".在我们刚刚指定的路径"xxx"下。如果不定义环境变量"ZENI_USER_HOME"，目录".zeni"则在路径"$HOME"下。

4.4　ZENI 工具的运行

　　步骤 1：cd $WORK_DIR。

　　步骤 2：dm&。

　　步骤 3："Zeni Design Manager"(ZENI 设计管理)窗口，如图 4-2 所示。

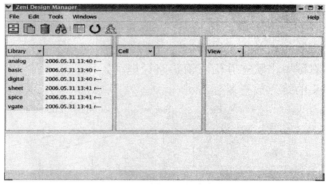

图 4-2　"ZENI 设计管理"窗口

　　当打开"Zeni Design Manager"(ZDM)窗口时，它会装载一个名为"zeni.lib"的文件来完成初始化。初始化文件记录库的名字和该设计库的位置。

　　首先，ZDM 装载文件"$ZENI_INSTALL_PATH/etc/zeni.lib"。(这里的"$ZENI_INSTALL_PATH"是 ZENI 工具的一个环境变量。)该"zeni.lib"文件与默认工具包一样，都不可被用户修改。它记录由默认工具包所提供的设计库，如"analog"、"basic"、"spice"、"sheet"、"digital"、"vgate"等。

然后，ZDM 装载文件"$WORK_DIR/zeni.lib"。(这里的"WORK_DIR"代表用户当前的工作路径。)该"zeni.lib"记录用户在"[library map]"部分中具体制定的设计库。在"[hide]"部分中记录的库不会在"Zeni Design Manager"窗口中显示出来。

4.5 ZENI 工具的基本操作

4.5.1 鼠标的操作

ZENI 工具支持标准的三键鼠标。一般来说，按键布局图如图 4-3 所示。鼠标按键的说明如下：

(1) Left Mouse Button (LMB，鼠标左键)：目标选择。

(2) Middle Mouse Button (MMB，鼠标中键)：弹出目标敏感表菜单。

(3) Right Mouse Button (RMB，鼠标右键)：点击重复上一条指令或命令。

图 4-3　按键布局图

使用鼠标画短线可实现一些便捷的操作，如图 4-4 所示，其操作方法如下：

(1) 在箭头的起点单击鼠标右键。

(2) 保持右键单击状态并沿着箭头路径拖动。

(3) 在箭头的终点放开鼠标右键。

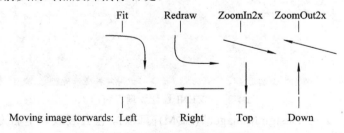

图 4-4　使用鼠标画短线的示意图

4.5.2 键盘的操作

键盘上的方向按键可使设计图沿着上、下、左、右方向平移，如图 4-5(a)所示。按住键盘上的数字"6"按键，图像将会向右平移，如图 4-5(b)所示。

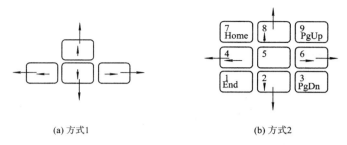

(a) 方式1　　　　　　　　　　　　(b) 方式2

图 4-5　键盘按键与位移关系

4.5.3　菜单的便捷使用方式

系统支持独立菜单栏形式的菜单。若用户希望将下拉菜单变为固定菜单栏的形式，可以在下拉菜单的虚线(Dashed Line)上单击鼠标左键并拖出，下拉菜单将会变为固定菜单栏，如图 4-6 所示。

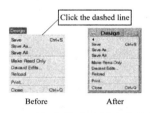

Before　　　　　　　　　After

图 4-6　下拉菜单变为固定菜单栏

4.6　本 章 小 结

本章主要简单介绍了 ZENI 工具的安装及基本操作。它只能安装在 Linux 操作系统中，详细介绍了 ZENI 工具的一些常用的快捷键。本章的内容是后续章节的基础。

ZENI 工具的数字电路设计过程

在这一章中，我们将以一个反相器的设计过程为例来展示 ZENI 工具的数字电路设计过程。

5.1 ZENI 工具的原理图绘制

5.1.1 设计窗口的建立

建立设计窗口，需要先建立一个 Library，在 ZDM 中，建立和"PLL"库相同工艺的"demo"设计库，选择"File→New→Library"，会弹出"New Library"对话框，在该对话框的库名位置写入"demo"设计库且在路径的位置写入"/home/user/work"，选择与"PLL"库相同的工艺，点击"OK 按钮后，新建立的"demo"设计库便显示在 ZDM 中，如图 5-1 所示。

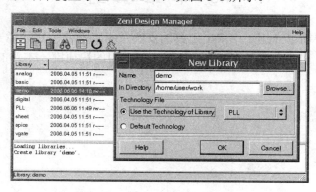

图 5-1 建立一个新的 Library

"demo"设计库建好以后，才能从这个库下面建立新的单元，具体步骤如下。

步骤 1：在 ZDM 中，用鼠标右键点击"INV"库，从子菜单中选择"New Cell/View"或点击"New→Cell/View"。按照如图 5-2 所示的信息填写"New Cell/View"菜单并点击"OK"按钮。

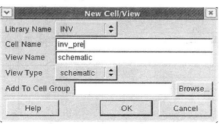

图 5-2　建立一个新的 Cell

步骤 2：当新原理图单元视窗被创建，"Schematic Editor(原理图编辑)"窗口将自动弹出，如图 5-3 所示。

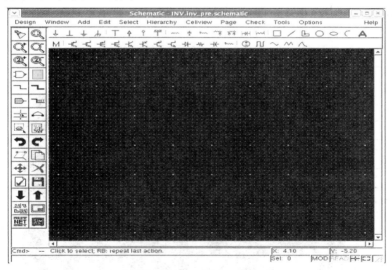

图 5-3　"原理图编辑"窗口

5.1.2　反相器的拓扑原理图绘制

步骤 1：点击"Add→Instance"，如图 5-4 所示的"Add Instance"窗口自动出现。

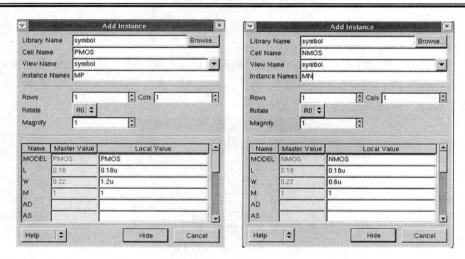

图 5-4　添加器件

　　浏览属于"symbol"库的 PMOS 符号，并分别指定其元件特性。将该 PMOS
放入"inv_pre"图窗；同样，指定 NMOS 元件特性，将该 NMOS 放入"inv_pre"
图窗，如图 5-5 所示。

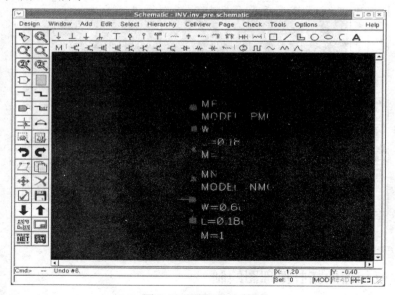

图 5-5　调用 MOS 管

　　步骤 2：用鼠标左键点击图标 ■▶ 或"Add→Pin"。"IN"是输入管脚，"OUT"
是输出管脚，"VDD"和"GND"是输入、输出管脚，如图 5-6 所示。

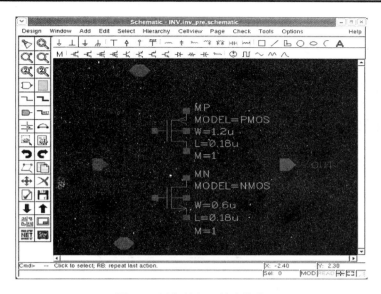

图 5-6　添加输入、输出管脚

步骤 3：用鼠标左键点击图标⌐或"Add→Wire"来连接 MOS 管和管脚，如图 5-7 所示。

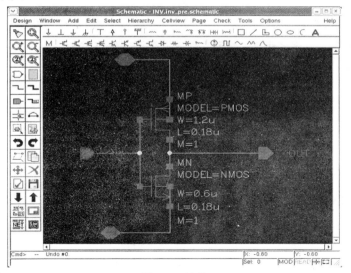

图 5-7　连线

步骤 4：反相器的原理图设计完成了，用鼠标左键点击"Design→Check"来保存该设计。

5.2　ZENI 工具原理图的仿真

在这一部分，我们将介绍三种仿真电路的方法。在仿真之前需要建一个顶层单元，并为其创建一个测试平台。

步骤 1：创建一个符号窗"inv_pre"。在原理图编辑器的"Cellview"菜单中点击"Cellview→Create"，选择"View Type"和作为符号名称的"View Name"，再在如图 5-8 所示的"Create Cellview"窗口中指定管脚的顺序。

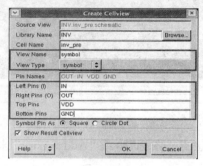

图 5-8　创建 Cellview

点击"OK"按钮后"inv_pre"符号窗即被创立，如图 5-9 所示。

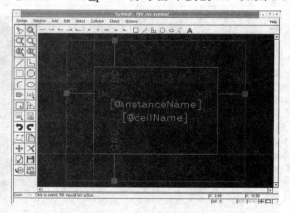

图 5-9　Cellview 的显示

默认图形的形状为长方形。用户也可通过 ZENI 原理图编辑器中的类似"Add→Polygon"、"Add→Circle"、"Move"、"Stretch"等命令使其变为反相器的传统形状，如图 5-10 所示，但其实这个变形是不必要的。

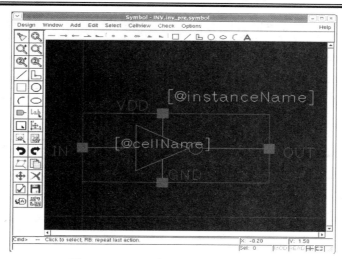

图 5-10　ZENI 原理图编辑器创建的 Cellview

创建一个名为"inv_pre_sim"的新原理图。在其中使用一个名为"inv_pre"的符号。加上一个 VDD(直流电压源)。再添加一个 VPULSE(脉冲电压源)与输入端相连。加上 Power(电源)和 Ground(地)。再在"VOUT"与"GND"之间添加一个电容，如图 5-11 所示。

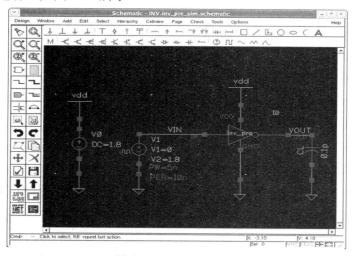

图 5-11　添加激励信号

直流激励源设置如图 5-12 所示。

设置输入信号源如图 5-13 所示。

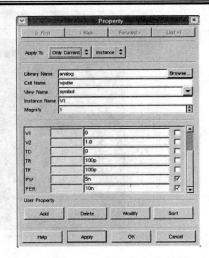

图 5-12　直流激励源设置　　　　　图 5-13　设置输入信号源

设置电容的特性如图 5-14 所示。

指定连接到"IN"的网络名为"VIN",并将输出管脚"OUT"与"VOUT"相连。

步骤 2:设置仿真工作目录。

点击"Options→Tools",如图 5-15 所示的"Tools Option"(工具选择)窗口将自动出现。点击"Browser"按钮来设置工作目录,仿真的结果将被保存在该目录下。

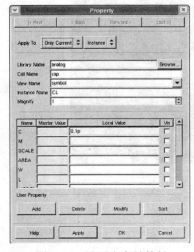

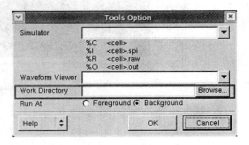

图 5-14　设置电容的特性　　　　　图 5-15　"工具选择"窗口

　　步骤 3：导出"inv_pre_sim"的网表。选择 External Simulation(外部仿真)或 Command Line Simulation(命令行仿真)方法的用户需要做这一步。选择 SPICE 平台方法的用户请跳过该步骤。

　　点击原理图编辑器中的"Tools→Export Netlist(导出网表)"，如图 5-16 所示的"Export Netlist"窗口将自动弹出。

　　指定网表文件类型为"SPICE"。注意单击"Format Settings(格式设置)"按钮，在"Export Format(导出格式表)"中控制"Ground As 0"，如图 5-17 所示。

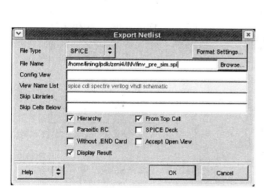

图 5-16　导出网表

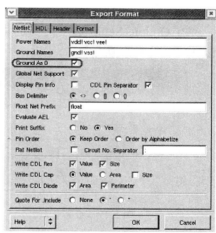

图 5-17　设置网表格式

　　用"Ground(层次)"选项控制提取网表，包括顶部单元并显示结果。单击"OK"按钮后，将弹出一个终端，显示所提取的网表，如图 5-18 所示。

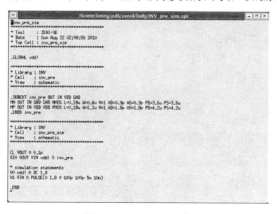

图 5-18　SPICE 网表

5.2.1　SPICE 仿真

在原理图编辑器中点击"Tools→Spice Deck"，"Analog Simulation Deck" (模拟仿真平台)窗口将弹出。

步骤 1：在"模拟仿真平台"窗口中，按下列指示来设置仿真环境。

① Simulator Setup(仿真设置)：在"模拟仿真平台"窗口中，点击"Setting →Simulator Setup"。在如图 5-19 所示的"Simulator Setup"窗口中，选择 Aeolus 仿真器，点击"OK"按钮。

② Options Setup(选项设置)：取消"Enable global power (使用全局电源)"选项，如图 5-20 所示。

图 5-19　设置仿真环境

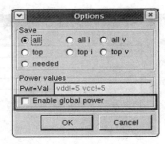

图 5-20　设置电源为全局变量

③ Model Setup(模型设置)：

a. File Name(文件名)："<Intall_Path>/Spice_model/hspice/library.lib"。

b. Entry(条目 opt)："tt"。

④ Stimulus Setup(激励设置)：

a. Input(输入)："vdd!"。

b. Type(类型)："Voltage"。

c. Function(函数)："NONE"。

⑤ Plot Setup(情景设置)：

a. For："Voltage"。

b. Function："Actual"。

c. 在"inv_pre_sim"原理图视窗选择网络的"VOUT"和"VIN"。

⑥ Analysis Setup(分析设置)：选择"Transient Analysis(瞬态分析)"选项并对其进行设置，如图 5-21 所示。

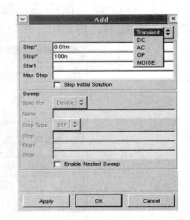

图 5-21　设置分析类型为瞬态分析

⑦ Additional Cards(附加卡)：添加 ".options post probe"。

完整的"模拟仿真平台"窗口如图 5-22 所示。

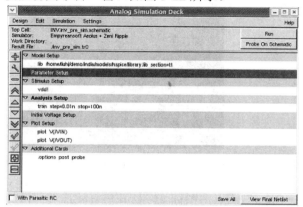

图 5-22   "模拟仿真平台"窗口

用户可以点击"View Final Netlist"来检查网表。

步骤 2：在"模拟仿真平台"窗口，点击"Run"按钮。仿真状态将显示在提示终端，如图 5-23 所示。

图 5-23   仿真状态

步骤 3：用"Ripple(纹波)"来检查波形。在设计管理器中点击"Tools→Waveform Viewer"来调用"Ripple(纹波)"。"Waveform Viewer"窗口如图 5-24 所示。

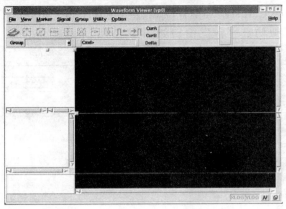

图 5-24 "Waveform Viewer"窗口

点击"File→Open"或点击图标 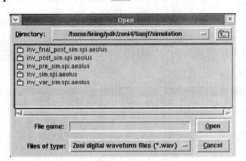 打开仿真波形文件，如图 5-25 所示。

图 5-25 打开仿真波形文件

在工作目录中，Aeolus 仿真器输出一个文件夹"×××.spi.aeolus"，其中包括所有仿真结果文件。用户可以点击"Options→Tools"来获得工作目录的位置。双击"inv_pre_sim.spi.aeolus"，然后点击"Files of type"来选择"HSPICE Waveforms files"，可以打开"inv_pre_sim.spi.tr0"，如图 5-26 所示。

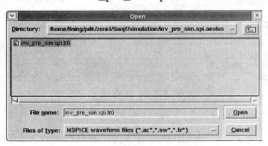

图 5-26 打开".tr0"文件

点击"Open"按钮并按"Ctrl + A"键，出现"inv_pre_sim"的仿真波形，如图 5-27 所示。

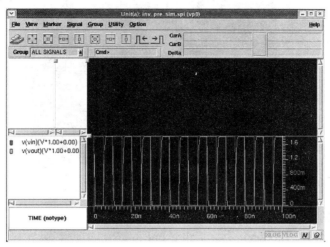

图 5-27　仿真波形图

用鼠标右键点击纹波的图形用户界面(GUI)，可以改变一些控制选项来获得电路全屏显示的波形，如图 5-28 所示。

在此例中，用户可发现上升与下降的时间并不是很好，因此下面我们将通过参数扫描的方法来使其完善。其必要条件是：反相器电路的上升和下降时间应小于 10% 的输入脉冲宽度。

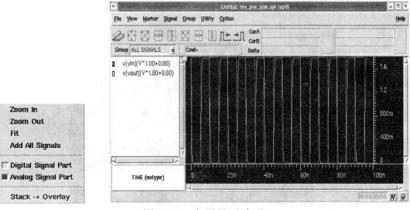

图 5-28　全屏显示波形

步骤 4：在"INV"库中创建反相器电路"inv_var"，其原理图如图 5-29 所示。

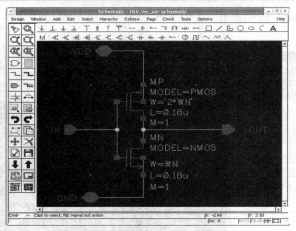

图 5-29　反相器电路的原理图

各元件的参数如下：

Elements	Library Name	Cell Name	W	L	M
MP	symbol	PMOS	2*WN	0.18 μ	1
MN	symbol	MNOS	WN	0.18 μ	1

这里我们将晶体管"MN"的宽度设为"WN"，将"MP"的宽度设为"2*WN"。该参数将用于瞬态参数扫描分析。

步骤 5：创建"inv_var"单元的符号，排列好每个管脚的位置，如图 5-30 所示。

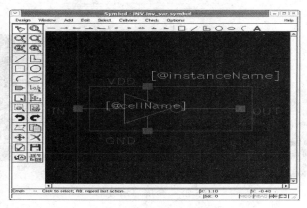

图 5-30　设置反相器的管脚

步骤 6：在"INV"库中创建"inv_var_sim"的原理图。

步骤 7：创建"inv_var_sim"的测试平台。反相器电路的结构如图 5-31 所示。

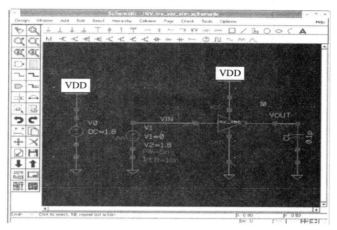

图 5-31　反相器电路的结构

各元件的参数如下：

Instance Name	Library Name	Cell Name	View Name	Parameters
V0	analog	vdc	symbol	DC=1.8
V1	analog	vpulse	symbol	V1=0，V2=1.8，TD=0，TR=100p，TF=100p，PW-5n，PER=10n
CL	analog	cap	symbol	C=0.1p
10	opamp	inv_var	symbol	n/a

步骤 8：点击"Tools→Spice Deck"，在"模拟仿真平台"窗口中，按下列指示来设置仿真环境。

① Model Setup(模型设置)：

a. File Name(文件名)："<Intall_Path>/Spice_model/hspice/library.lib"。

b. Entry(条目 opt)："tt"。

② Parameter Setup (参数设置)：将"WN"设为"0.6 μ"。

③ Stimulus Setup(激励设置)：

a. Input(输入)："vdd!"。

b. Type(类型)："Voltage"。

c. Function(函数)："NONE"。

④ Plot Setup(情景设置)：

a. For："Voltage"。

b. Function："Actual"。

c. 在"inv_var_sim"原理图视窗选择网络的"VOUT"和"VIN"。

⑤ Analysis Setup(分析设置)：选择"Transient Analysis(瞬态分析)"选项并对其进行安装，如图 5-32 所示。

⑥ Additional Cards(附加卡)：

a. 添加".options post probe"。

b. 添加".measure tran tr trig v(vout) val='0.1*1.8' rise=3   targ v(vout) val='0.9*1.8' rise=3"。

c. 添加".measure tran tf trig v(vout) val='0.9*1.8' fall=3   targ v(vout) val='0.1*1.8' fall=3"。

⑦ Simulator Setup(仿真设置)：在"模拟仿真平台"窗口中，点击"OK"按钮。在"Simulator Setup"(仿真设置)窗口中，选择 Aeolus 仿真器，点击"OK"按钮，如图 5-33 所示。

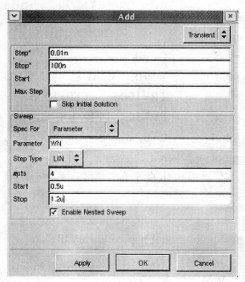

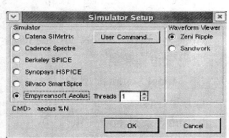

图 5-32　反相器瞬态分析设置　　　　图 5-33　反相器仿真设置

完成的"模拟仿真平台"窗口如图 5-34 所示。

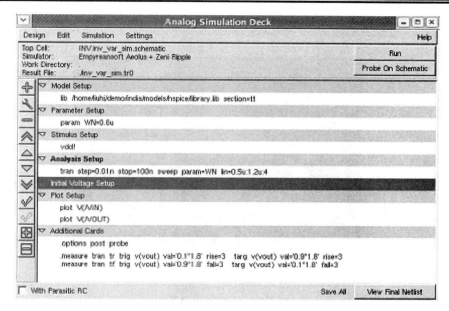

图 5-34　模拟仿真平台设置

步骤 9：在"模拟仿真平台"窗口中，点击"Run"按钮。仿真状态将显示在提示终端。

步骤 10：在"inv_var_sim.spi.mt0"中检查测量结果。

各元件的参数如下：

wn	tr	tf	temperature
5e-07	8.429e-10	6.512e-10	2.700e-01
7.33333e-07	5.836e-10	4.553e-10	2.700e-01
9.66667e-07	4.456e-10	3.391e-10	2.700e-01
1.2e-06	3.520e-10	2.652e-10	2.700e-01

从结果可知当"wn=1.2 μm"时，上升和下降时间可以得到较好的结果，满足要求。因此选择设置"1.2 μ"作为"wn"的值。

最后，反相器每个元件的参数如下：

Elements	Library Name	Cell Name	W	L	M
MP	symbol	PMOS	2.4 μ	0.18 μ	1
MN	symbol	NMOS	1.2 μ	0.18 μ	1

最终的反相器原理图如图 5-35 所示。

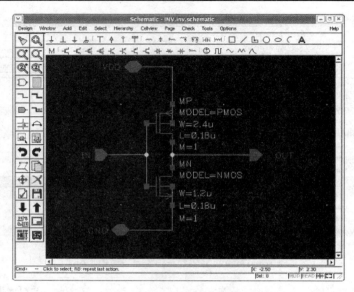

图 5-35 反相器原理图

5.2.2 外部仿真

点击"Tools→External",即会弹出"External Simulation"(外部仿真)窗口,具体步骤如下。

步骤 1:在"External Simulation"窗口中点击"Setup"按钮,在如图 5-36 所示的"Tools Option"(工具选择)窗口中选择仿真器和示波器。

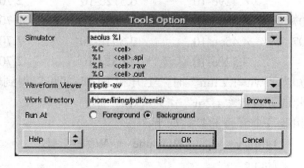

图 5-36 仿真工具选择设置

步骤 2:在如图 5-37 所示"External Simulation"窗口中添加 SPICE 分析和控制语句。

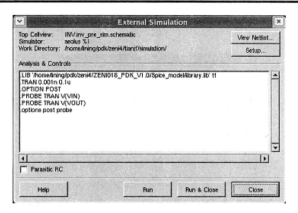

图 5-37 "外部仿真"窗口

步骤 3：点击"View Netlist"(查看网表)按钮可打开最终网表进行查看，点击"Run"按钮成功完成仿真。

步骤 4：用命令行调用示波器查看波形。在命令行键入"ripple&"。

5.2.3 命令行仿真

步骤 1：在资源网表文件中添加仿真控制语句。打开资源网表文件，如图5-38 所示，在其中添加 SPICE 分析及控制语句。

```
.LIB '/home/lining/pdk/zeni4/ZENI018_PDK_V1.0/Spice_model/library.lib' tt
.TRAN 0.001n 0.1u
.OPTION POST
.PROBE TRAN V(VIN)
.PROBE TRAN V(VOUT)
.options post probe
```

图 5-38 SPICE 仿真网表

步骤 2：电路仿真。在命令行键入"aeolus inv_pre_sim.spi"。

步骤 3：检查波形来确认电路功能。在命令行键入"ripper&"来显示资源网表的波形。

5.3 ZENI 工具的版图设计

这部分，我们将创建一个反相器版图视窗。

5.3.1 版图设计窗口的建立

步骤 1：在 ZDM 中，用鼠标右键点击"INV"库，在子菜单列表中选择

"New Cell/View"或者点击"New→Cell/View"。填写如图 5-39 所示的"New Cell/View"窗口。

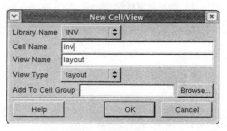

图 5-39　创建 Cell/View

步骤 2：点击"OK"按钮，弹出"Layout"窗口，如图 5-40 所示。

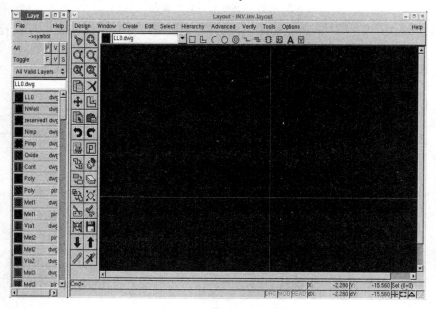

图 5-40　版图设计界面

5.3.2　反相器的版图设计

步骤 1：点击"Options→Generic"，进入如图 5-41 所示的"Options"窗口。改变"Grid"和"Snap"选项。"X Spacing"与"Y Spacing"由使用的进程决定，然后将它们设置成"0.010"。

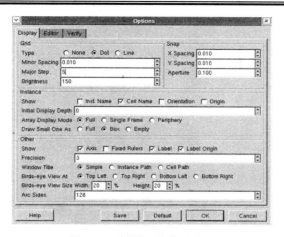

图 5-41　版图工具选项设置

步骤 2：在工具栏中点击图标 ☑ 或在 "Create→Vcell" 下插入 NMOS 和 PMOS，出现如图 5-42 所示窗口。

点击 "Browse" 按钮，一个 "Vcell" 窗口将会弹出，如图 5-43 所示。选择 NMOS 并填写参数(gateW=1.2，gateL=0.18)。

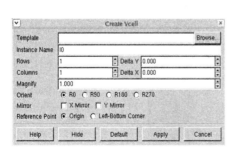

图 5-42　"Create Vcell" 窗口

图 5-43　MOS 管尺寸设置

可以在 "Configure" 选项卡中为 Multi-finger MOS 设置 "gate-connect" 和 "sd-connect"。(该练习中用户无需操作此步骤。)

在如图 5-44 所示的 "Vcell" 窗口中点击 "OK" 按钮，返回如图 5-45 所示的 "Create Vcell" 窗口。

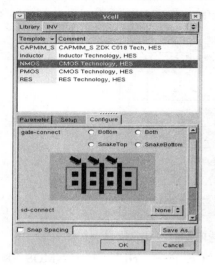

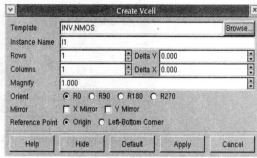

图 5-44　Vcell 设置　　　　　　　　图 5-45　创建 Vcell

在"Create Vcell"窗口中点击"Hide"按钮，在版图编辑器中隐藏"Create Vcell"窗口。

用相同的步骤再创建 PMOS。PMOS 的参数如图 5-46 所示（gateW=2.4，gateL=0.18）。

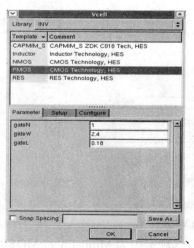

图 5-46　PMOS 管尺寸设置

把 NMOS 和 PMOS 在版图编辑器中放置好后，按"F"键使窗口大小合适，如图 5-47 所示。

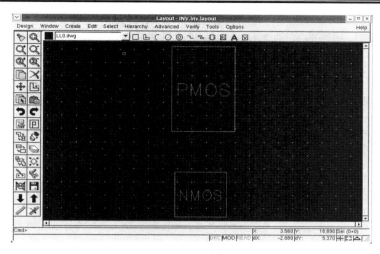

图 5-47　调用 MOS 管版图

按"Ctrl + F"键，显示底层(Flattened)的版图，如图 5-48 所示。

步骤 3：用 Poly 线把门电路连接起来。用户可以用鼠标在如图 5-49 所示的编辑器左边的"Layer"窗口中创建 Poly 线，点击"Poly.dwg"。

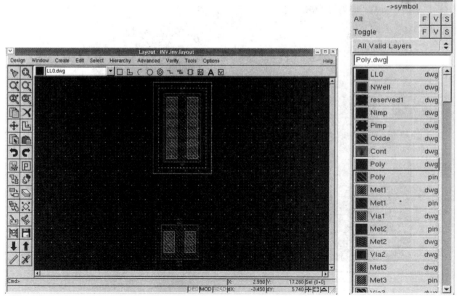

图 5-48　MOS 管版图底层显示　　　　　　图 5-49　"Layer"窗口

点击图标 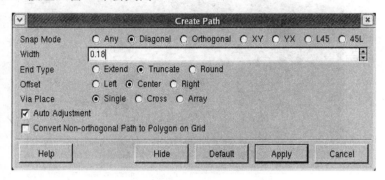 或在"Create→Path"下连接门电路,"Create Path"窗口即会弹出。填写线路的宽度(本练习中线宽设置为"0.18"),如图 5-50 所示。点击"Hide"按钮,窗口即会关闭。

图 5-50　设置线宽

在"Layout"窗口中点击鼠标左键为"选择起始点"操作,双击鼠标左键为"选择结束点"操作,如图 5-51 所示。

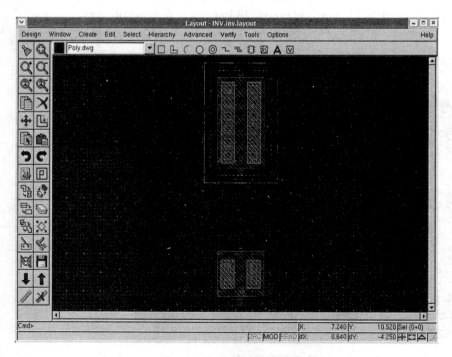

图 5-51　选取金属线起始点

步骤 4：创建连接。在这个练习中，两层之间的连接已经创建并且保存在了"INV"库中。用户可以在需要时引用相关的连接，如果没有所需的连接，可以在 PDT(Physical Design Tool，版图设计工具)的编辑器(Edit)窗口中直接创建一个新的或者先引用一个连接再把它修改成用户所需要的形式。这里有一些种类的连接，如下所示：

M1_NWELL_1_1   Connect M1 and NWELL, 1 contact in vertical direction and 1 contact in horizontal direction.

M1_NWELL_3_1   Connect M1 and NWELL, 3 contacts in vertical direction and 1 contact in horizontal direction.

M1_NWELL_17_1   Connect M1 and NWELL, 17 contacts in vertical direction and 1 contact in horizontal direction.

M1_PIMP_1_1   Connect M1 and PIMP, 1 contact in vertical direction and 1 contact in horizontal direction.

M1_PIMP_25_1   Connect M1 and PIMP, 25 contacts in vertical direction and 1 contact in horizontal direction.

M1_PIMP_3_1   Connect M1 and PIMP, 3 contacts in vertical direction and 1 contact in horizontal direction.

M1_POLY_1_1   Connect M1 and POLY, 1 contact in vertical direction and 1 contact in horizontal direction.

M2_M1_1_1   Connect M2 and M1, 1 contact in vertical direction and 1 contact in horizontal direction.

M2_M1_4_3   Connect M2 and M1, 4 contact in vertical direction and 3 contact in horizontal direction.

M3_M2_1_1   Connect M3 and M2, 1 contact in vertical direction and 1 contact in horizontal direction.

点击图标 ▦ 或在"Create→Instance"下添加 M1_Poly 连接，"Create Instance"窗口即会弹出。点击"Browser"按钮，"Design Browser"窗口即会弹出，选择"INV→M1_POLY_1_1→layout"。在"Design Browser"窗口中点击"OK"按钮，然后在"Create Instance"窗口中点击"Hide"按钮，如图 5-52 所示。

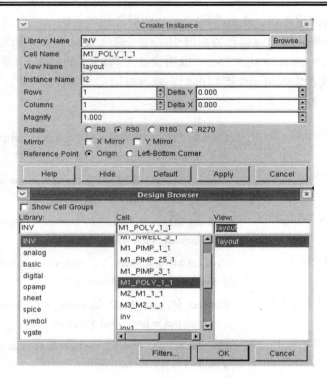

图 5-52　创建多晶硅与金属通孔

把"M1_GT_1_1"放置在版图中，如图 5-53 所示，选择连接的位置。

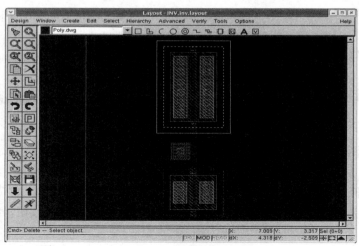

图 5-53　栅与金属层通孔设置

步骤 5：用 M1 连接 NMOS 和 PMOS 的漏端。在"Layer"窗口中选择"M1. dwg"。然后如图 5-54 所示创建路径(Path)。把 M1 的宽度(Width)设置成"0.4"。

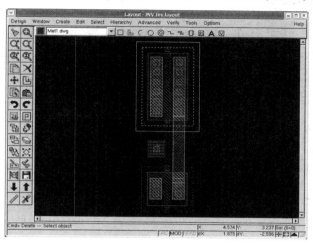

图 5-54　用 M1 连接 MOS 管漏端

步骤 6：创建抽头(Tap)。在这个连接中，抽头作为一个实例保存在"INV" 库中。用户可以在需要时调用。

创建实例"M1_NWELL_3_1"，如图 5-55 所示。

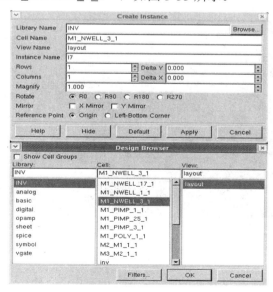

图 5-55　创建"M1_NWELL_3_1"

把"M1_NWELL_3_1"放置在如图 5-56 所示的位置。

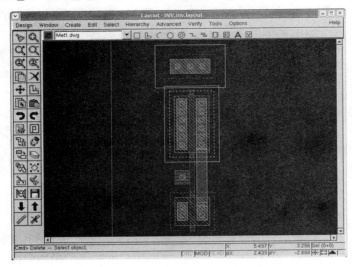

图 5-56　调用 M1_NWELL_3_1

这与创建"M1_PIMP_3_1"很相似，其版图(Layout)如图 5-57 所示。

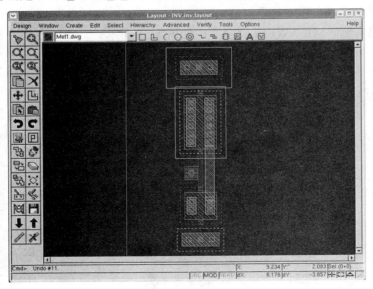

图 5-57　创建"M1_PIMP_3_1"

用 M1 连接抽头和反相器的起点。M1 的宽度(Width)设置为"0.4"。这个操作与步骤 3 中创建多晶硅连线很相似，其版图如图 5-58 所示。

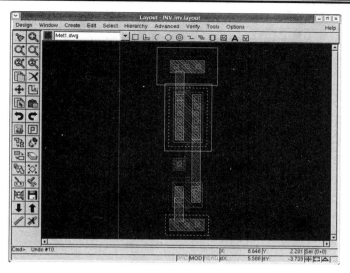

图 5-58　设置 M1 的宽度

步骤 7：创建标签(Label)。"Layout"窗口中的标签名应该与原理图中的管脚名一致。版图和原理图的网表分别应该是一致的，并且版图和原理图的端口名称也必须一一对应，稍后的 LVS 检查会检测这个功能。

首先选择"Met1_txt"，然后在工具栏中点击图标 $\mathbf{A}$ 或者点击"Create →Label"，"Create Label"窗口即会弹出，填写 Label 的名称，如图 5-59 所示。

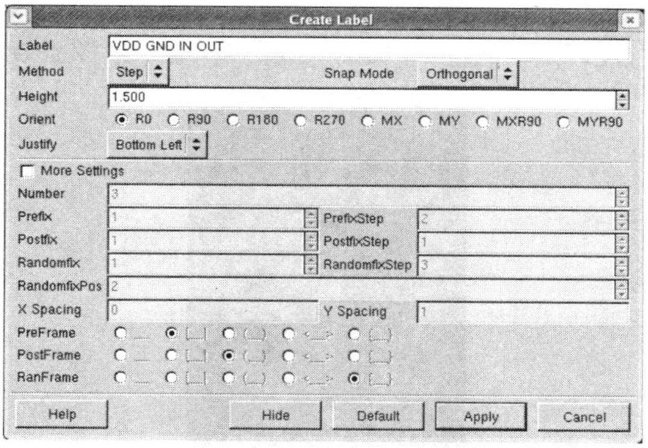

图 5-59　创建 Label

点击"Hide"按钮，然后把标签分别放置在版图编辑器中，按 ESC 键退出，如图 5-60 所示。

步骤 8：点击图标 或"Design→Save"保存，整个版图的"inv"库创建完成。

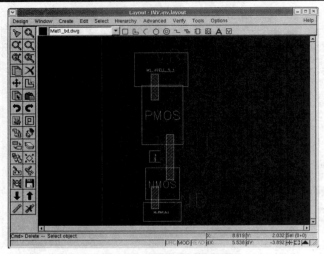

图 5-60　带标签的版图

5.4　ZENI 工具的版图设计验证

这一部分，我们将对前一部分制作的反相器版图进行验证。

5.4.1　版图设计规则验证

步骤 1：在"INV"库中打开"inv_drc"单元，如图 5-61 所示。

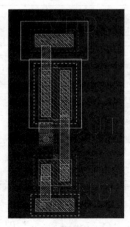

图 5-61　"inv-drc"单元

步骤 2：在如图 5-62 所示的"Layout Verification"窗口中点击"Browse"
按钮，指定设计规则检查(DRC)文件。

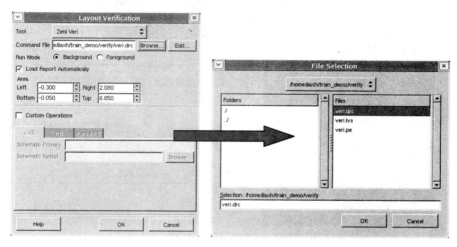

图 5-62　调用 DRC 规则文件

步骤 3：点击"OK"按钮，运行 DRC 规则文件，"ZTerm-ldc"窗口即会
弹出，如图 5-63 所示。

图 5-63　DRC 规则文件

步骤 4：点击"Tools→Browse Marker"检查 DRC 的错误，如图 5-64 所示。

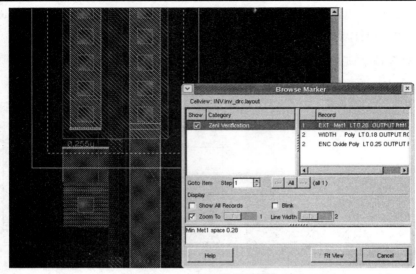

图 5-64　DRC 错误的检查

步骤 5：在"Browse Maker"窗口中提示的指引下，可以修改版图的 DRC 错误。

5.4.2　版图原理图匹配比较

在运行 LVS 之前，首先要分析原理图网表。 在"原理图编辑器"窗口中点击"Tools→Export Netlist"，导出网表，如图 5-65 所示。

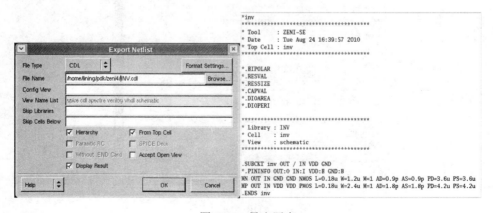

图 5-65　导出网表

步骤 1：在"INV"库中打开"inv_lvs"单元，如图 5-66 所示。

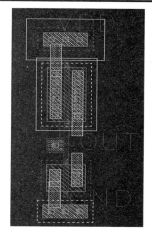

图 5-66　"inv-lvs"单元

步骤 2：在如图 5-67 所示的"Layout Verification"窗口中点击"Browse"按钮，指定 LVS 规则文件"veri.lvs"。

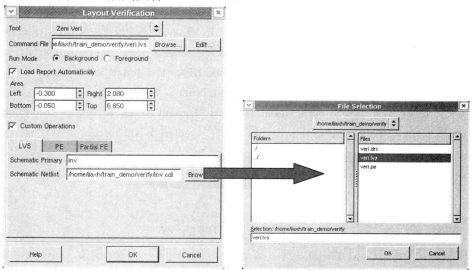

图 5-67　调用 LVS 规则文件

步骤 3：勾选"Custom Operations"复选框，然后选择 LVS 用途。

步骤 4：指定"Schematic Primary 'inv'"与"Schematic Netlist 'inv.cdl'"。

步骤 5：点击"OK"按钮，运行 LVS 规则文件。"ZTerm-ldc"窗口即会弹出，如图 5-68 所示。

图 5-68　LVS 验证

步骤 6：点击"Verify→LVS Debugger"检查 LVS 错误报告。随后即会弹出如图 5-69 所示的"LDX"窗口。

步骤 7：填写 LVS 结果文件名字，点击"Load"按钮，载入 LVS 错误报告。默认的 LVS 结果文件的名称是"lvsprt.lvs"，这个文件保存在工作目录中。

步骤 8：双击"ErrorFile"，键入"Matched Block to Unmatched Node(s) (1)"。匹配的"Schematic Node'0'"与"Layout Node'4'"将被显示出来。

步骤 9：双击"Schematic Node'0'"与"Layout Node'4'"。"Schematic Node"窗口与"Layout Node"窗口即会弹出，如图 5-70 所示。

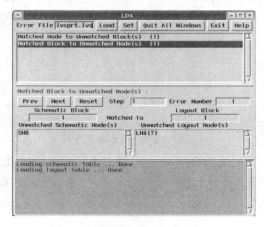

图 5-69　LVS 报表

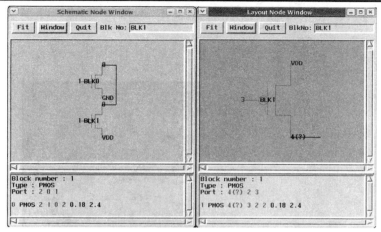

图 5-70　"Schematic Node"窗口与"Layout Node"窗口

步骤 10：原理图拓扑结构(Schematic Topology)是在原理图编辑器中调出的。版图拓扑结构(Layout Topology)是在版图编辑器中调出的。

步骤 11：同时，"Layout Node '4'"会在版图编辑器中呈高亮显示，如图 5-71 所示。

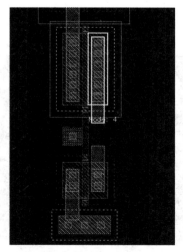

图 5-71　显示不匹配节点

步骤 12：在"Schematic Node Window"窗口中，点击"Node '0'"，然后用鼠标中键点击下拉菜单。选择"Show Error"，"Node '0'"将会在原理图编辑器中呈高亮显示，如图 5-72 所示。

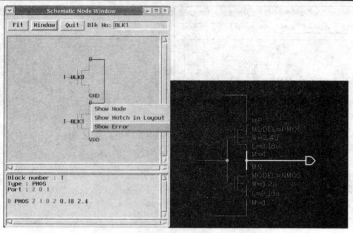

图 5-72 显示错误节点

步骤 13：在"LVS Debugger-LDX"的帮助下，可以很轻松地在版图中找出节点 4 出现的短路错误(Open Error on Node 4) 。这应该是连接在 NMOS 漏极(Drain)上的，设计者可以通过线索修改不匹配的错误。

5.4.3 版图寄生参数提取

步骤 1：在"INV"库中打开"inv_pe"单元，如图 5-73 所示。

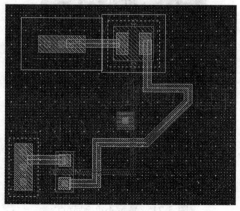

图 5-73 "inv_pe"单元

步骤 2：在如图 5-74 所示的"Layout Verification"窗口中点击"Browse"按钮，指定 PE 规则文件"veri.pe"。

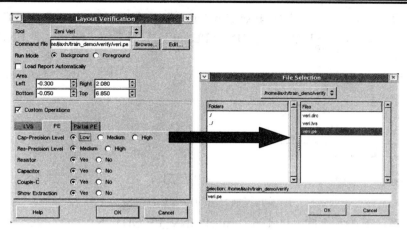

图 5-74　调用 PE 规则文件

步骤 3：勾选"Custom Operations"复选框。

步骤 4：指定提取寄生的电阻和电容的选项。

步骤 5：点击"OK"按钮运行 PE 规则文件。"ZTerm-ldc"窗口即会弹出，如图 5-75 所示。

图 5-75　寄生参数抽取

步骤 6：停止运行 PE 规则文件，SPICE 文件"INV_PE.spi"将会在版图编辑器中被抽出(Extracted)。在这个网表中，除了 PMOS 和 NMOS 外，还有许多寄生(Parasitic)的电阻和电容。

步骤 7：为了下一步执行"Post-simulation"，需要添加".subckt INV_PE OUT IN VDD GND"，在 SPICE 文件"INV_PE.spi"中，更改".END"为".ENDS"，如图 5-76 所示。

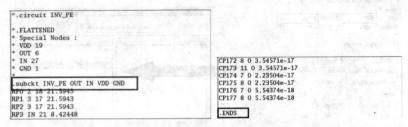

图 5-76　抽取出的寄生参数网表

注意：管脚指令(Pin Order) ".subckt INV_PE OUT IN VDD GND" 的名称需注意，否则将会导致 "p+arent cell of'inv_pe'" 的连接错误。为了避免这样的错误，必须保证这句管脚指令与 "inv_pe" 中的一致。可以在 "Symbol Editor" 窗口中点击 "Design→Pin Order"，然后出现 "Pin Order" 窗口，进行检查，如图 5-77 所示。

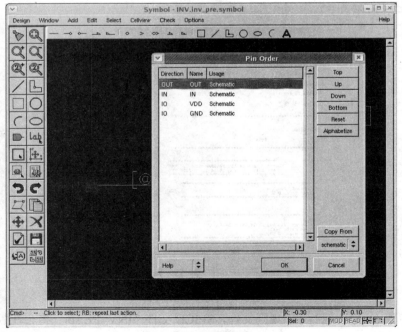

图 5-77　设置管脚

5.5　ZENI 工具的后仿真

步骤 1：在 ZDM 中，点击"File→New→Cell/View"。"New Cell/View"窗口出现。点击"OK"按钮，建立一个"Spice View"，如图 5-78 所示。

打开一个新文档"INV/inv_pe/spice/current/spice.txt"，这是个空文档。

步骤 2：粘贴所有"INV_PE.spi"到"INV/inv_pe/spice/current/spice.txt"，然后保存，"the inv_pe spice view"将会被建立。

或者关闭"INV/inv_pe/spice/current/spice.txt"，输入"cp INV_PE.spi INV/inv_pe/spice/current/spice.txt"去建立 SPICE 仿真文件。

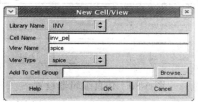

图 5-78　创建仿真 Cell/View

步骤 3：创建一个"inv_post_sim "的新原理图，如图 5-79 所示。这个测试平台和"inv_sim"几乎一样，除了实例"inv_pe"。

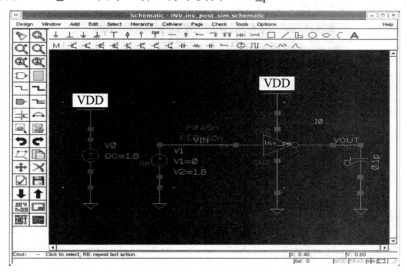

图 5-79　后仿真设置

步骤 4：在"原理图编辑器"窗口中，点击"Options→Editor"，"编辑器选项"窗口出现，如图 5-80 所示。确保在查看名列表(View Name List)中的"Spice"是第一个候选类型，此选项控制了后仿真进程(Post-sim Process)不从"inv_pe"原理图中抽取网表(Netlist)，而是如同网表一样直接选择"Spice View"，点击"OK"按钮。

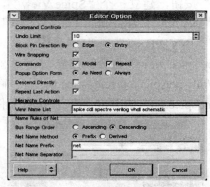

图 5-80　仿真编辑器设置

步骤 5：点击 "Tools→Spice Deck"。在"模拟仿真平台"窗口中，设置仿真环境为后仿真，如图 5-81 所示。

注意：添加 ".options scale=1μ" 到附加卡中，因为从 ZENI PE 中抽取的网表(Netlist)中的单位是 m。

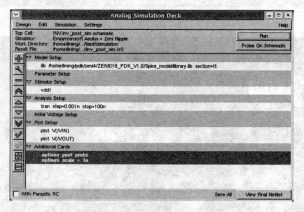

图 5-81　模拟仿真平台设置

步骤 6：运行后仿真。

步骤 7：因为 ZENI Ripper 只能显示一个波形，这里使用一个第三方软件 Waveform Viewer 显示后仿真和前仿真的波形。如图 5-82 所示，相比两个波形，发现后仿真的上升时间和下降时间都不好。证明了"inv_pe"不是一个好的布局。

如果不使用第三方软件打开仿真波形，推荐添加"Measure"语句，分析前后仿真的上升时间/下降时间的差异。

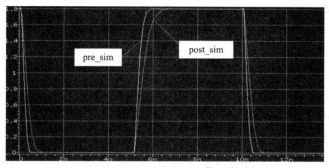

图 5-82　后仿与前仿上升沿比较

步骤 8：通过 ZENI PE 提取"inv_final"的寄生网表。建立一个"inv_final"的"Spice View"，然后做最后的后仿真。对比前仿真、后仿真和最后的后仿真的波形如图 5-83 所示，可以发现后仿真的结果有明显改进。

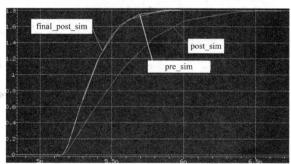

图 5-83　后仿上升沿得到改进

5.6　本章小结

本章主要介绍了利用 ZENI 工具对数字电路的尺寸设计、前仿真、版图设计以及后仿真的整个流程。详细介绍每一步骤的注意事项及细节。

第6章

ZENI 工具的模拟电路设计过程

在之前的章节中，我们对 ZENI 工具的操作有了一定的认识。本章将以"OPAMP"运算放大器为例，简明介绍 ZENI 工具的模拟电路设计过程。

6.1 前端设计(Front-end Design)

步骤 1：在"OPAMP"库中建立"OPAMP"电路。"OPAMP"电路的原理图如图 6-1 所示，其表示符号如图 6-2 所示。

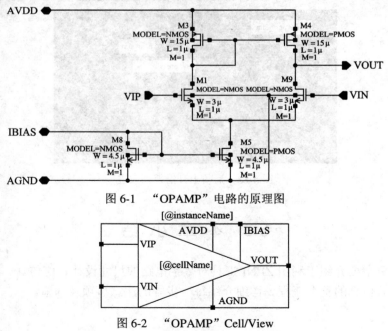

图 6-1 "OPAMP"电路的原理图

图 6-2 "OPAMP"Cell/View

每个单元的参数如下：

Elements	Library Name	Cell Name	W	L	M
M1	symbol	NMOS	3μ	1μ	1
M9	symbol	NMOS	3μ	1μ	1
M3	symbol	PMOS	15μ	1μ	1
M4	symbol	PMOS	15μ	1μ	1
M5	symbol	NMOS	4.5μ	1μ	1
M8	symbol	NMOS	4.5μ	1μ	1

步骤 2：在"OPAMP"库中建立一个测试平台(Test Bench)的原理图单元视窗。

步骤 3：建立一个测试平台电路，其结构如图 6-3 所示。

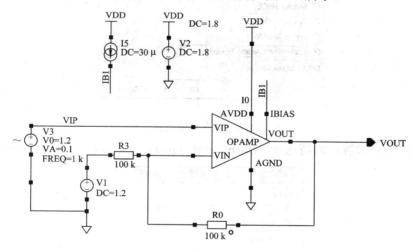

图 6-3　测试平台的结构

每个单元的参数如下：

Instance Name	Library Name	Cell Name	View Name	Parameters
V1	analog	vdc	symbol	DC=1.2
V2	analog	vdc	symbol	DC=1.8
V3	analog	vsin	symbol	V0=1.2, VA=0.1, FREQ=1k

I5	analog	idc	symbol	DC=30μ
R0	analog	res	symbol	R=100k
R3	analog	res	symbol	R=100k
I0	OPAMP	OPAMP	symbol	n/a

仿真测试平台搭建好，进行仿真器设置：

① 模拟环境设置：在"模拟仿真平台"窗口中，点击"Setting→Simulator Setup"，在"模拟器设置"窗口中，选择"Empyreansoft Aeolus"，如图 6-4 所示，点击 "OK"按钮。

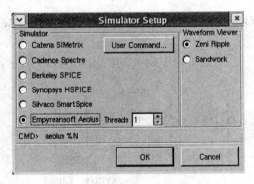

图 6-4　仿真环境设置

② 选项设置：取消选择"Enable global power"选项，如图 6-5 所示。

图 6-5　设置全局变量

步骤 4：直流分析。点击"Tools→Spice Deck"，在"模拟仿真平台"窗口中，设置模拟环境如下：

① 模型设置："File Name: <Intall_Path>/models/hspice/library.lib Entry(opt): tt"。

② 绘图设置："For: Voltage；Function: Actual"。在测试平台的原理图中选择"Net'VOUT'"和"VIP"。

③ 仿真分析设置：直流分析设置如图 6-6 所示。

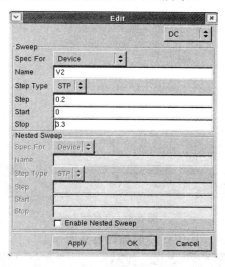

图 6-6　直流分析设置

④ 添加".options post probe"。已完成的"模拟仿真平台"窗口如图 6-7 所示。

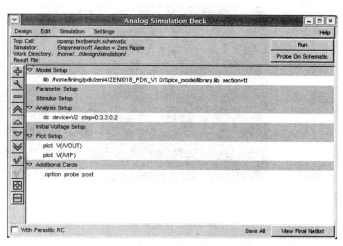

图 6-7　模拟仿真平台设置

⑤ 在"模拟仿真平台"窗口中，点击"Run"按钮，仿真状态将显示在提

示终端，如图 6-8 所示。

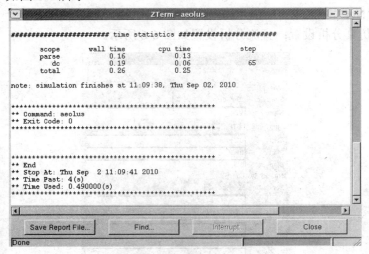

图 6-8　仿真状态

⑥ 检查脉冲波形，其仿真波形如图 6-9 所示。

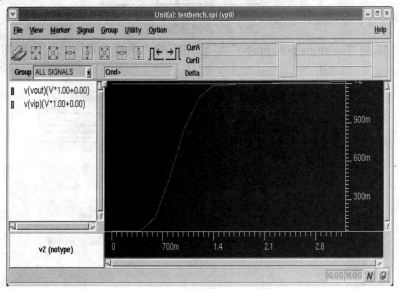

图 6-9　仿真波形

步骤 5：瞬时分析。使用单元测试平台并设置模拟仿真平台，如图 6-9 所示。只修改分析设置(Analysis Setup)，如图 6-10 所示，选中"Transient"，点击"OK"按钮。

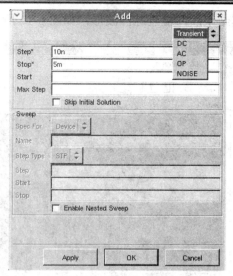

图 6-10　瞬态分析设置

在"模拟仿真平台"窗口中，点击"Run"按钮。仿真状态将显示在提示终端，如图 6-11 所示。

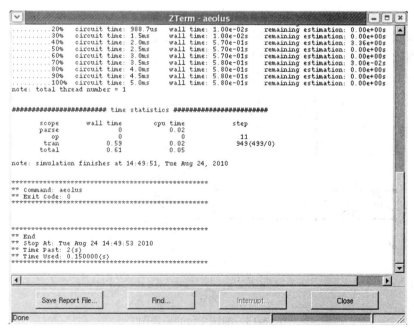

图 6-11　瞬态分析仿真

在瞬时分析仿真结束后，检查脉冲波形，如图 6-12 所示。

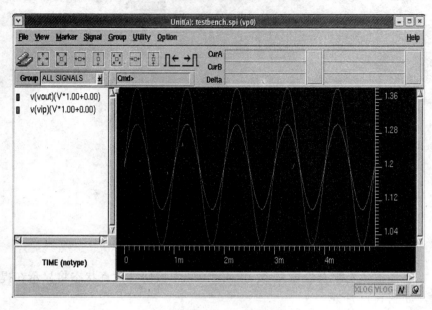

图 6-12　瞬态分析波形

步骤 6：交流分析。在"OPAMP"库中创建单元"test bench_ac"的原理图。测试平台的原理图如图 6-13 所示。

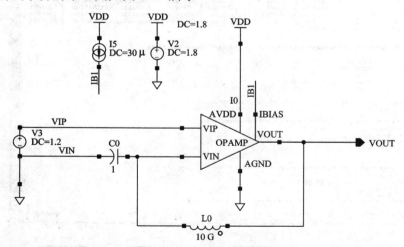

图 6-13　测试平台的原理图

每个单元的参数如下：

Instance Name	Library Name	Cell Name	View Name	Parameters
V2	analog	vdc	symbol	DC=1.8
V3	analog	vdc	symbol	DC=1.2, ACMAG=1
I5	analog	idc	symbol	DC=30μ
C0	analog	cap	symbol	C=1
L0	analog	ind	symbol	L=10G
I0	OPAMP	OPAMP	symbol	n/a

点击"Tools→Spice Deck",在"模拟仿真平台"窗口中,设置模拟环境如下:

① 库模型设置:"File Name: <Intall_Path>/models/hspice/library.lib Entry (opt): tt"。

② 输出设置:"For: Voltage;Function: Actual",在原理图中选择"net 'VOUT'"和"'VIP'"。

③ 分析设置:选择交流分析,其设置如图 6-14 所示。

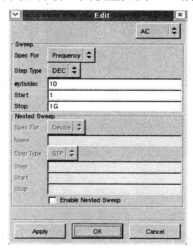

图 6-14　交流分析设置

注意:在仿真网表中添加".options post probe"和".probe vdb(vout) vp(vout)"。

在"模拟仿真平台"窗口中,点击"运行"按钮。检查脉冲波形,如图 6-15 所示。

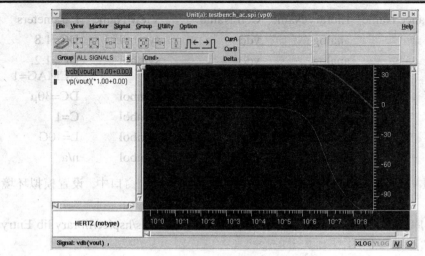

图 6-15　交流分析波形

6.2　后端设计(Back-end Design)

6.2.1　版图设计规则

对于更复杂的布局设计，设计者应考虑更多的问题，一些议题如下：

(1) 数字电路、模拟电路、射频块的位置和隔离。

(2) 检查数据项目的相似性。

(3) 设备的改造。

(4) 布局布线。

(5) 寄生效应。

(6) 噪声。

(7) 天线效应。

(8) 金属密度。

6.2.2　OPAMP 的版图设计

步骤 1：在 ZDM 中，用鼠标右键单击"OPAMP"库，从子菜单列表中选择"New Cell/View"或者点击"New→Cell/View"，"New Cell/View"窗口如图 6-16 所示。

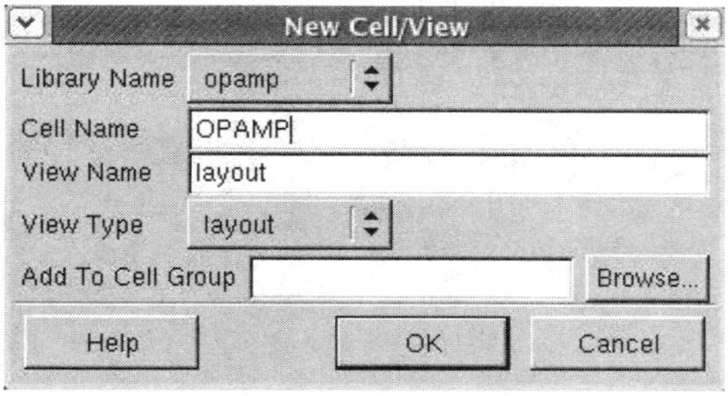

图 6-16 创建 Cell/View

现在，设计一个"OPAMP"运算放大器的布局。

步骤 2：在工具栏中点击图标 ⓥ 或"Create→Vcell Menu"，插入 NMOS 和 PMOS 的原理图。

在这个练习中，PMOS 的宽度与长度有很大相关。设计者一般将大尺寸的 MOS 分裂成几个小尺寸的 MOS，将 15 μ/1 μ PMOS 分成 3 个 5 μ/1 μ PMOS。对于这个差分输入的 NMOS，因为是同质心布局，所以我们将一个 3 μ/1 μ NMOS 分成 2 个 1.5 μ/1 μ NMOS。同时我们添加 2 个 5 μ/1 μ PMOS、4 个 1.5 μ/1 μ NMOS 和 2 个 4.5 μ/1 μ NMOS(如同虚拟 MOS)，尽可能将 MOS 放置相互匹配的附近。MOS 管的布局如图 6-17 所示。

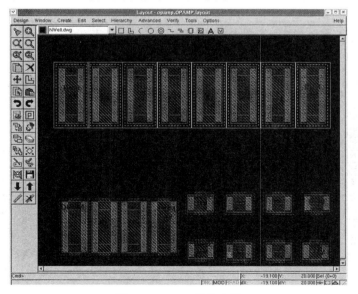

图 6-17 MOS 管的布局

步骤 3：连接同质心布局的 NMOS，连接 M1 和 M9，如图 6-17 所示。

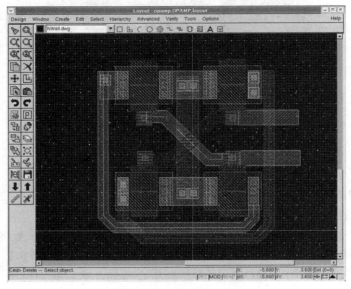

图 6-17 连接 M1 和 M9

步骤 4：连接 PMOS，连接 M3 和 M4，如图 6-18 所示。

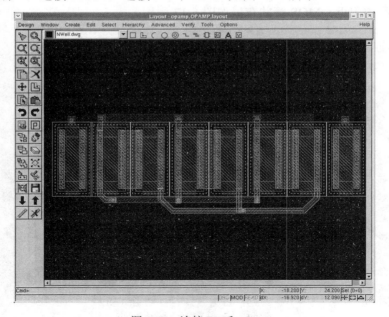

图 6-18 连接 M3 和 M4

步骤 5：连接另一个 NMOS，连接 M5 和 M8，如图 6-19 所示。

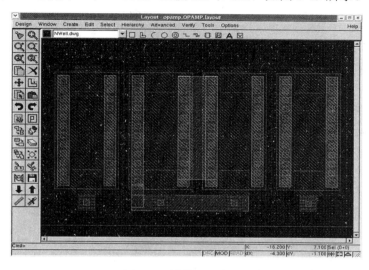

图 6-19　连接 M5 和 M8

步骤 6：通过建立实例如图 6-20 所示来建立保护环。引入数个 "M1_NWELL" 为例并且将它们连接在 PMOS 附近；引入数个 "M1_PIMP" 为例并且将它们连接在 NMOS 附近。

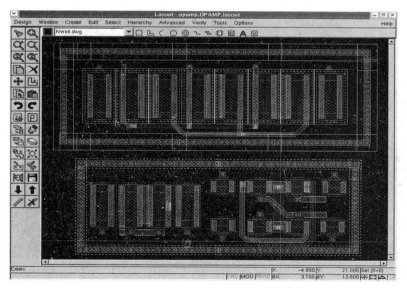

图 6-20　绘制保护环

步骤 7：完成版图的所有连接，如图 6-21 所示。

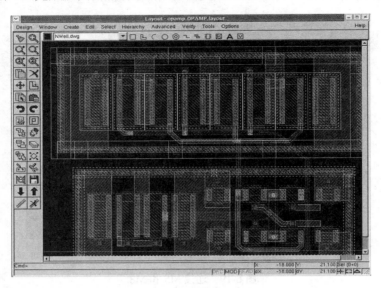

图 6-21　完成版图的所有连接

步骤 8：创建标签，如图 6-22 所示。

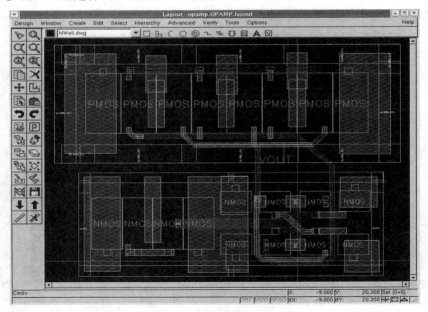

图 6-22　创建标签

步骤 9：点击图标 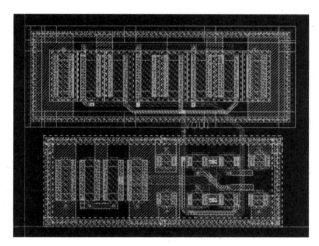 或"Design→Save"保存布局，整个布局的"'OPAMP' Cell/View"建立成功。

6.2.3　版图验证

1．版图设计规则验证

步骤 1：打开"OPAMP"库中的"OPAMP_drc"单元，其版图如图 6-23 所示。

图 6-23　"OPAMP_drc"单元

步骤 2：在 ZENI PDT 中，点击"Verify→Layout Verification"，"布局验证"窗口会弹出，如图 6-24 所示。

图 6-24　"布局验证"窗口

步骤 3：通过"布局验证"窗口中的"Browse"按钮，指定 DRC 规则文件，如图 6-25 所示。

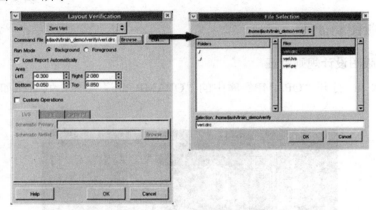

图 6-25　调用 DRC 规则文件

步骤 4：点击"OK"按钮，运行指定 DRC 规则文件，然后"ZTerm-ldc"窗口会弹出，如图 6-26 所示。

图 6-26　DRC 规则文件

步骤 5：点击"Tools→Browse Marker"，检查 DRC 错误，如图 6-27 所示。

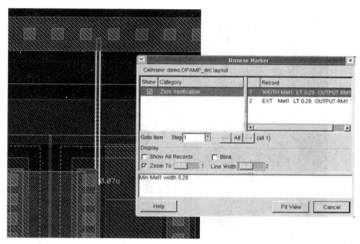

图 6-27　DRC 检测出的错误

步骤 6：通过"Browse Maker"的帮助，可以修改布局的 DRC 错误。

2. 版图原理图匹配比较

在做 LVS 之前，首先要准备原理图网表，这个网表可以通过 ZENI 工具自动提取。其步骤为：在"OPAMP"库中，点击"Tools→Export Netlist"，如图 6-28 所示。

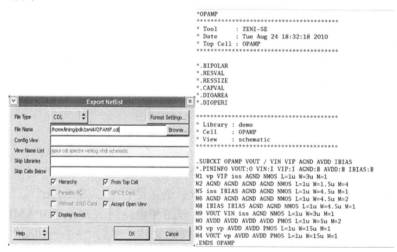

图 6-28　导出 SPICE 网表

步骤 1：打开"OPAMP"库中的"OPAMP_lvs"单元，如图 6-29 所示。

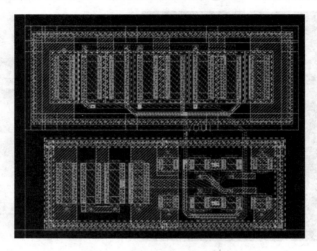

图 6-29 "OPAMP_lvs"单元

步骤 2：通过"布局验证"窗口中的"Browse"按钮指定 LVS 规则文件"veri.lvs"，如图 6-30 所示。

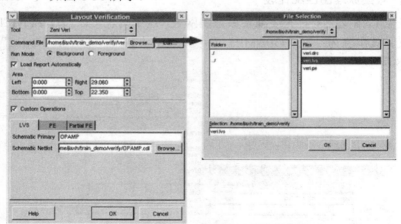

图 6-30 调用 LVS 规则文件

步骤 3：打开"用户操作"窗口，然后选择运行"LVS usage"。

步骤 4：指定"OPAMP"库的电路原理图和电路网表文件"OPAMP.cdl"。

步骤 5：点击"OK"按钮运行 LVS 规则文件，然后"ZTerm-ldc"窗口会弹出，如图 6-31 所示。

图 6-31　LVS 验证

步骤 6：点击"Verify→LVS Debugger"，检查 LVS 错误报告并且"LDX"窗口会弹出，LVS 报表如图 6-32 所示。

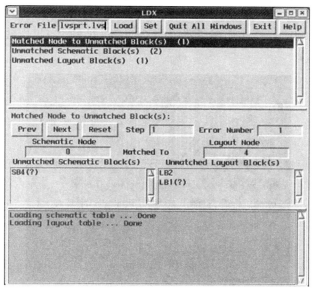

图 6-32　LVS 报表

步骤 7：指定错误文件"lvsprt.lvs"，点击"Load"按钮读取"LVS error"，"lvsprt.lvs"文件是默认的 LVS 错误报表文件名。

步骤 8：双击"ErrorFile"，键入"Matched Node to Unmatched Block(s) (1)"。"Matched Schematic Node '0'"和"Layout Node '4'"都被显示。

步骤 9：双击"Schematic Node '0'"和"Layout Node '4'"，"Schematic Node"窗口和"Layout Node"窗口会弹出，如图 6-33 所示。

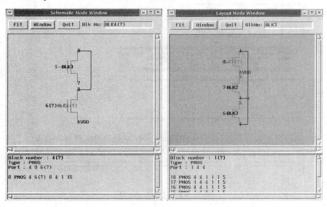

图 6-33　"Schematic Node"窗口和"Layout Node"窗口

步骤 10：从原理图编辑器提取原理图的拓扑结构，从布局编辑器提取布局拓扑结构。

步骤 11：同时，在布局编辑器中的"Layout Node '4'"会呈高亮显示，如图 6-34 所示。

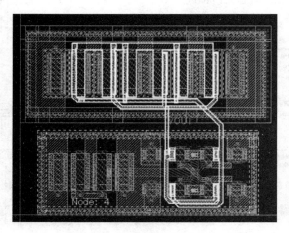

图 6-34　不匹配节点高亮显示

步骤 12：在"Schematic Node Window"窗口中点击"the Node '0'"，然后点击鼠标中键，弹出下拉菜单。 选择"Show Error"，在原理图编辑器里"the Node '0'"会呈高亮显示，如图 6-35 所示。

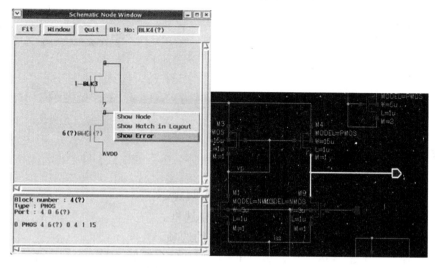

图 6-35 　错误节点高亮显示

步骤 13：在"LVS Debugger-LDX"的帮助下,可以通过线索改正不匹配的错误。

3．版图寄生参数提取

步骤 1：在"OPAMP"库中打开"OPAMP"单元，其版图如图 6-36 所示。

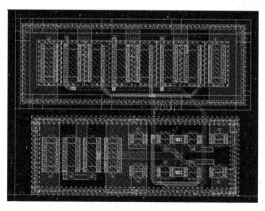

图 6-36 　　"OPAMP"单元

步骤 2：通过"布局验证"窗口中的"Browse"按钮，指定 PE 规则文件"veri.pe"，如图 6-37 所示。

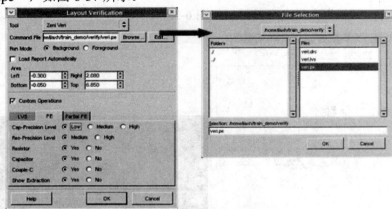

图 6-37　调用 PE 规则文件

步骤 3：勾选"Custom Operations"复选框。

步骤 4：指定提取寄生的电阻和电容的选项。

步骤 5：点击"OK"按钮运行 PE 规则文件，然后"ZTerm-ldc"窗口会弹出，如图 6-38 所示。

图 6-38　抽取寄生参数

步骤 6：结束运行 PE 规则文件，从布局编辑器中抽取 SPICE 文件"OPAMP.spi"，在这个网表中，除了 PMOS 和 NMOS 器件外，还有很多寄生的电阻和电容。

步骤 7：为了接下来的后仿真，需要添加".SUBCKT OPAMP VOUT VIN VIP AGND AVDD IBIAS"，然后在 SPICE 文件"OPAMP.spi"中更改".END"为".ENDS"，如图 6-39 所示。

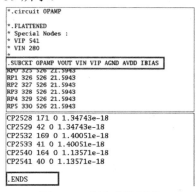

图 6-39　寄生参数网表

注意：语句".subckt OPAMP VOUT VIN VIP AGND AVDD IBIAS"中的管脚顺序需注意，否则将会导致在"OPAMP"库中的母单元连接错误。为了放置这些错误，需要保证在语句中的管脚顺序和"OPAMP"符号一样。可以在"符号编辑"窗口(Symbol Editor Window)中点击"Design→Pin Order"，然后检查管脚顺序排列表(Pin Order form)。

6.2.4　后仿真

步骤 1：在 ZDM 中，点击"File→New→Cell/View"，弹出新的窗口，如图 6-40 所示，点击"OK"按钮，创建一个"Spice View"。

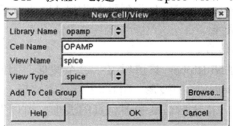

图 6-40　创建仿真 Cell/View

打开文件"opamp/OPAMP/spice/current/spice.txt"，这是个空文件。

步骤 2：粘贴所有"OPAMP.spi"的内容到"opamp/OPAMP/spice/current/spice.txt"然后保存。"'OPAMP'Spice View"建立完成，或者可以关闭"opamp/OPAMP/spice/current/spice.txt"。输入"cp OPAMP.spi opamp/OPAMP/spice/current/spice.txt"，建立"'OPAMP' Spice View"。

步骤 3：在"原理图输入"窗口中，点击"Options→Editor"，进入"Editor Option"窗口，如图 6-41 所示。确保在"View Name List"中，"Spice"是第一个候选类型。这个选项是后仿真过程不从"OPAMP"原理图中抽取网表，而是直接选择"Spice View"作为网表，点击"OK"按钮。

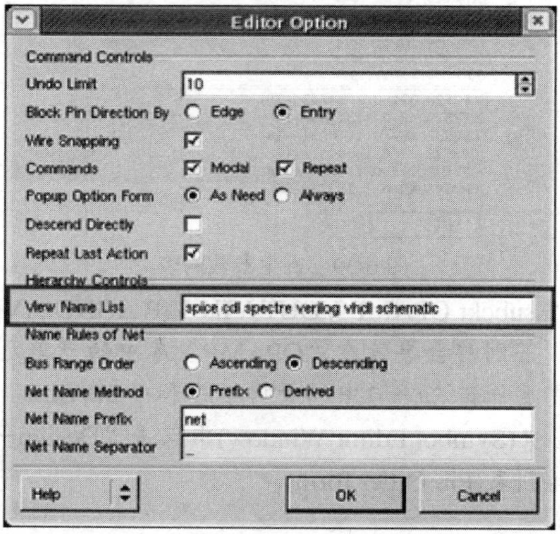

图 6-41　仿真设置

步骤 4：点击"Tools→Spice Deck"。在"模拟仿真平台"窗口中，设置仿真环境为预仿真。

注意：添加".options scale=1μ"到附加卡(Additional Cards)，因为从 ZENI PE 抽取的网表单位是 m。

步骤 5：运行后仿真。

步骤 6：因为 ZENI Ripper 只可以显示一个波形，因此使用第三方波形显示器来显示后仿真和前仿真的波形。图 6-42 为交流波形，图 6-43 为直流波形，图 6-44 为信号波形。相比后仿真和前仿真的波形，可以发现后仿真的上升时间和下降时间有延迟。

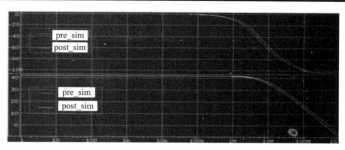

图 6-42　后仿交流波形图

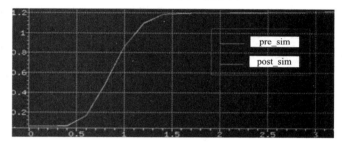

图 6-43　后仿直流波形图

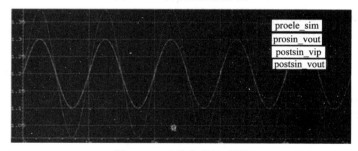

图 6-44　后仿信号波形图

如果用户不使用第三方的波形查看器，建议添加"Measure"语句和分析后仿真和前仿真之间的上升时间/下降时间的差异。

用户完成电路和版图的设计和验证只是芯片设计的一部分，如果要将设计制造成芯片，还需要考虑以下几个方面以及相对应的电路和制造规则的要求：

(1) ESD：当带静电的物体与元器件有电接触时，静电会转移到元器件上或通过元器件放电；或者元器件本身带电，通过其他物体放电。对电路产生不可恢复的损伤，因此必须设计 ESD 保护电路，避免由于静电放电对芯片电路的损伤。

① 带电的人体的放电模式(Human Body Model，HBM)，由于人体会与各

种物体间发生接触和摩擦，又与元器件接触，因此人体易带静电，也容易对元器件造成静电损伤。

② 带电机器的放电模式(Machine Model，MM)，机器因为摩擦或感应会带电。带电机器通过电子元器件放电也会造成损伤。

③ 充电机器的放电模式(Charged Device Model，CDM)，机器因为摩擦或感应会带电。充电机器通过电子元器件放电也会造成损伤。

(2) Latch up：闩锁效应。闩锁效应最易产生在易受外部干扰的 I/O 电路处，也偶尔发生在内部电路。闩锁效应是指 CMOS 晶片中，在电源 VDD 和地线 GND(VSS)之间由于寄生的 PNP 和 NPN 双极性 BJT 相互影响而产生的一低阻抗通路，它的存在会使 VDD 和 GND 之间产生大电流。随着 IC 制造工艺的发展，封装密度和集成度越来越高，产生闩锁效应的可能性会越来越大。闩锁效应产生的过度电流量可能会使芯片产生永久性的破坏，防范闩锁效应是 IC 版图最重要的措施之一。

(3) Antenna：天线效应。在芯片中，一条一条长的金属线或者多晶硅(Polysilicon)等导体，就像是一根一根的天线。当有游离的电荷时，这些"天线"便会将它们收集起来，天线越长，收集的电荷也就越多；当电荷足够多时，就会放电。这种放电效应会对晶体管产生不可恢复的损伤。在 0.5 μm 以上的工艺，我们一般不大会考虑天线效应。而采用 0.5 μm 以下的工艺就不得不考虑这个问题。

(4) PAD：焊盘。集成电路和外部环境之间的接口涉及许多重要问题，为了使内部引线(Bond Wire)与管芯相连，需要在芯片的四周放置大的 PAD，并使其与电路中的相应接点连接。晶圆厂提供的拓扑布局规则(Topological Layout Rule，TLR)中通常都有相关的 PAD 设计规则，用户根据 TLR 的要求设计对应的焊盘。

(5) Seal Ring：密封环。它是芯片最外层的接地金属环，防止划片时损伤内部电路。

6.3 本章小结

本章主要介绍了模拟集成电路全定制设计的方法与流程。详细介绍了前端设计中的尺寸设计、前仿真和 Cell/View 的创建等，以及后端版图设计中的 DRC、LVS 和抽取寄生参数，最后介绍了附加寄生参数的电路后仿真。

第7章

可变参数单元——Vcell 模板

7.1　关于 Vcell

Vcell 是 Variable Cell(变量单元)的缩写。ZENI PDT 将 Vcell 模板文件转换为自动创建的器件单元。Vcell 模板给予 TCL 语言和 ZENI 的内建指令。它定义了器件的参数和器件的内部结构。用户可以修改这些参数来满足不同的工艺要求。

7.2　使用 Vcell

一个库内的所有 Vcell 文件都保存在库路径下的".vcell"文件夹中。每一个模板都以".vcell"作为后缀。例如，"PMOS.vcell"、"RES.vcell"。在 ZDM 中，"Tools→Vcell Templates"列出了从 ZDM 中所选中的库中的所有的 Vcell 模板，如图 7-1 所示。用户可以通过 GUI(图形化用户界面)模式对其进行修改。

在 ZENI PDT 中，选择"Create→Vcell"，出现"Create Vcell"窗口，如图 7-2 所示。

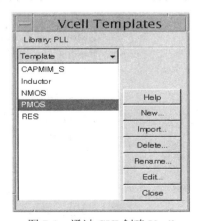

图 7-1　通过 GUI 创建 Vcell

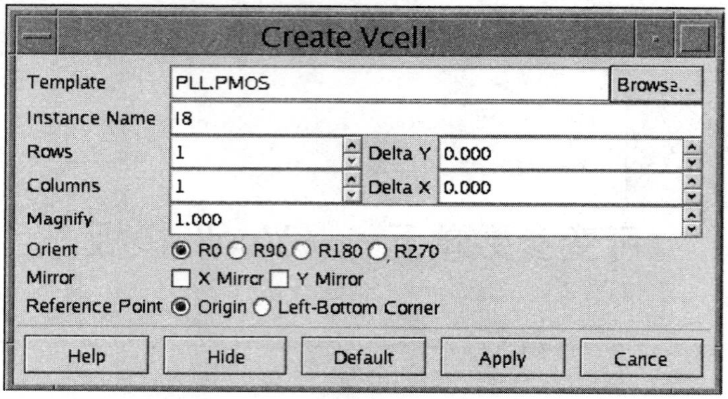

图 7-2　创建 Vcell

点击“Browse”按钮，选择一个 Vcell 模板，如图 7-3 所示。

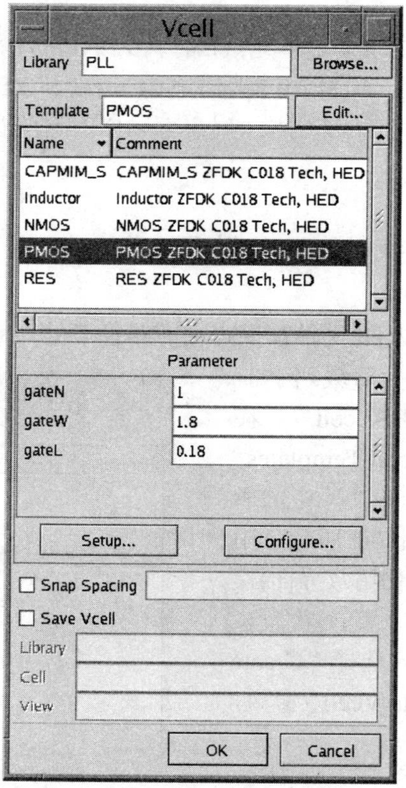

图 7-3　选择 Vcell 模板

在"Vcell"表格中，选择一个模板文件，模板的所有参数将在 GUI 模式中显示。点击"Setup…"按钮，查看或修改关于工艺库设计规则的信息。"Setup Vcell"窗口如图 7-4 所示。

点击"Vcell"表格中的"Configure…"按钮，可选择器件的内部连接方式。"Configure Vcell"窗口如图 7-5 所示。

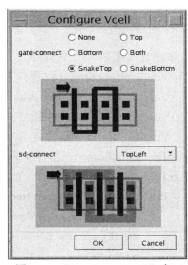

图 7-4　Vcell 设置　　　　　图 7-5　"Configure Vcell"窗口

例如，修改参数 gateN = 3；gateW=3；gateL=0.18，然后在"Create Vcell"中点击"Apply"按钮，一个 PMOS Vcell 就自动地在 ZENI PDT 中被创建了，如图 7-6 所示。

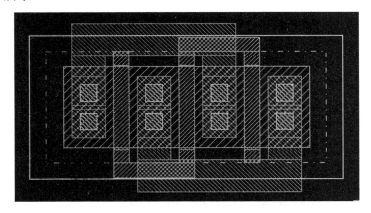

图 7-6　创建好的 PMOS Vcell

注意：变量单元不能被直接修改，因为它是特殊的单元，所以用户可以通过"Edit→Vcell→Convert To Cell"命令将它先转换为普通的单元。

7.3 Vcell 模板组件

7.3.1 器件参数的定义

本部分定义了以下五种变量。

(1) VcellComment——注释信息。

(2) VcellParameter——默认器件参数。

(3) VcellSetup——器件图层与设计规则。

(4) VcellConfig——器件内部连接模式。

(5) VcellFunction——器件植入函数。

该五种变量定义于如下的一个函数中：

```
Proc Vcell_NameSetParameter {} {
    global VcellComment VcellParameter VcellFunction VcellSetup VcellConfig
    #set default value for each parameter
    set VcellComment        "Technologv and author information"

    set VcellParameter(index)       "Para_Name Value"
    set VcellParameter(type_index)  "radio" or "option"
    set VcellSetup(index)           "Tech_laver Layer_name"
    set VcellSetup(index)           "Design_Rule Rule_Value"
    set VcellSetup(type_index)      "radio" or "option"
    set VcellConfig(index)          "Config cfg1 cfg2 cfg3"
    set VcellCoufig(type_index)     "radio" or "option"

    set VcellConfig(icon_index_cfg1)    "icon1..gif"
    set VcellConfig(icon_index_cfg2)    "icon2.gif"
    set VcellConfig(icon_index_cfg3)    "icon3.gif"

    set VcellFuntion    "Vcell_Function_Name"
}
```

注意：

(1) 注释行以"#"启首。

(2) 在以上函数中，黑色加粗字体是关键词，用户不可以修改，斜体字可以被修改。

(3) "Vcell.name"是器件名，必须与模板文件名有同样的前缀。例如，函数名为"PMOSSetParameter"，Vcell 模板文件则必须为"PMOS.vcell"。

(4) "VcellParameter"和"VcellFunction"这两个变量必须被定义，其他变量可以忽略。

1. Vcell 注释

Vcell 变量保存了注释文本。如工艺名与作者名，这些信息将会显示在"Vcell"表格中。"VcellComment"变量在 Vcell 模板文件中可以被忽略。例如，设置"VellComment"为"PMOS ZFDK C018 Tech, HED"，如图 7-7 所示。

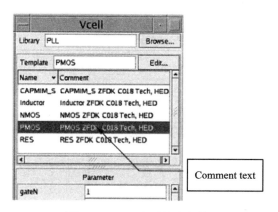

图 7-7　Vcell 选用的库文件

2. Vcell 参数

Vcell 变量必须是数组数据，它保存了器件参数。这些器件参数将在"Vcell"表格中的"Parameter"列表中显示。该变量必须存在于 Vcell 模板文件中。

变量定义格式如下：

(1) **set VcellParameter**(*index*) "*parameter value*"

(2) **set VcellParameter**(*index*) "*parameter value1 value2 ... valuen*"

(3) **set VcellParameter**(**type**_*index*) "**radio**" or "**option**"

"index"是数组的下标，从"1"开始。例如：

(1) **set VcellParameter**(1)"gateN 1"

(2) **set VcellParameter**(2)"gateW 1.8"

(3) **set VcellParameter**(3)"gate L 0.18"

如果一个参数有多个值，列出所有的值，用空格符分割它们。例如：

  set VcellParameter(1)"gateN 1 2 3"

但是该模式需要"**VcellParameter(type_*index*)**"确定值的位置。其中，"radio"和"option"是变量。例如：

  set VcellParameter(type_1)"**radio**" 或 **set VcellParameter(type_1)**"**option**"

如果有如下定义：

  set VcellParameter(1) "gateN 1 2 3"

  set VcellParameter(type_1) "**radio**"

  set VcellParameter(3) "gateL 0.18"

  set VcellParameter(2) "gateW 1.8"

"Vcell"表格如图 7-8 所示。

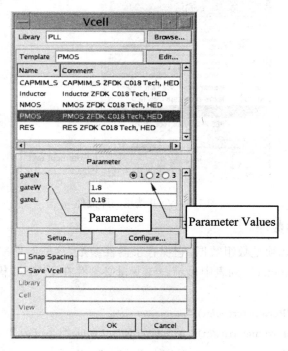

图 7-8 "Vcell"表格

3．安装 Vcell

Vcell 变量必须是数组数据，它存储了版图信息和设计规则。在"Vcell"表格中，点击"Setup…"按钮可以查找这些信息。Vcell 变量可以被忽略。

变量定义格式如下：

　　　set VcellSetup(*index*)"*parameter value*"

或

　　　set VcellSetup(*index*)"*parameter value1 value2 … valuen*"

　　　set VcellSetup(**type_***index*)"**radio**"or"**option**"

"index"是数组的下标，从数字"1"开始。例如：

　　　set VcellSetup(1)"*cathode_comp comp*"

　　　set VcellSetup(2)"*cathode_nplus nplus*"

　　　set VcellSetup(3)"*anode_comp comp*"

Vcell 设置也定义了一个参数的多重值，如"VcellParameter"。"**VcellSetup**(**type_***index*)"指定了值的位置。

如果有如下定义：

　　　set VcellSetup(1)"*well-layer*　　　　Nwell*"

　　　set VcellSetup(2)"*poly-layer*　　　　Poly*"

　　　set VcellSetup(3)"*diff-layer*　　　　Oxide*"

　　　set VcellSetup(4)"*implant-layer*　　Pimp*"

　　　set VcellSetup(5)"*metal-layer*　　　Met1*"

　　　set VcellSetup(6)"*cont-layer*　　　　Cont*"

　　　set VcellSetup(7)"*cont-width*　　　　0.2*"

　　　set VcellSetup(8)"*cont-space*　　　　0.15*"

　　　set VcellSetup(9)"*metal-enc-cont*　　0.1*"

　　　set VcellSetup(10)"*cont-to-gpoly*　　0.2*"

　　　set VcellSetup(11)"*diff-enc-cont*　　0.2*"

　　　set VcellSetup(12)"*implant-enc-diff*　0.2*"

　　　set VcellSetup(13)"*diff-to-fpoly*　　0.2*"

　　　set VcellSetup(14)"*poly-enc-diff*　　0.25*"

　　　set VcellSetup(15)"*metal1-width*　　0.28*"

　　　set VcellSetup(16)"*metal1-space*　　0.28*"

　　　set VcellSetup(17)"*well-enc-diff*　　0.4*"

设置 Vcell 的参数，如图 7-9 所示。

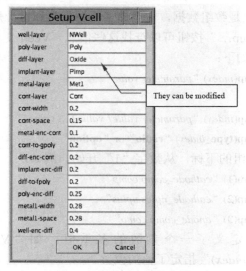

图 7-9 设置 Vcell 的参数

4．Vcell 配置

Vcell 变量必须是数组数据，它定义了器件内部的连接模式。在"Vcell"表格中，点击"Configure"按钮可以查看这些信息。该变量可以被忽略。变量定义格式如图 7-10 所示。

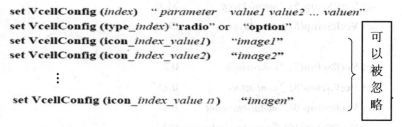

图 7-10 变量定义

"index"是数组的下标，从数字"1"开始。

如果有如下定义：

set VcellConfig(1) *"gate-connect None Top Bottom Both SnakeTop SnakeBottom"*

set VcellConfig(2) *"sd-connect None TopLeft BottomLeft HTopLeft HBottomLeft"*

set VcellConfig(type_1) **"radio"**

set VcellConfig(type_2) "option"

set VcellConfig(icon_1_*None*) "*mulparall.gif*"

set VcellConfig(icon_1_*Top*) "*top.gif*"

set VcellConfig(icon_1_*Bottom*) "*bottom.gif*"

set VcellConfig(icon_1_*Both*) "*both.gif*"

set VcellConfig(icon_1_*SnakeTop*) "*snaketop.gif*"

set VcellConfig(icon_1_*SnakeBottom*) "*snakebottom.gif*"

set VcellConfig(icon_2_*None*) "*mulparall.gif*"

set VcellConfig(icon_2_*TopLeft*) "*topleft.gif*"

set VcellConfig(icon_2_*BottomLeft*) "*bottomleft.gif*"

set VcellConfig(icon_2_*HTopLeft*) "*hitopleft.gif*"

set VcellConfig(icon_2_*HBottomLeft*) "*hibottomleft.gif*"

"Configure Vcell" 表格如图 7-11 所示。

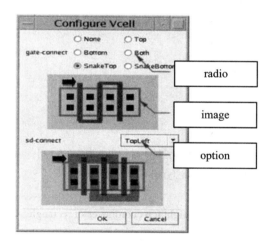

图 7-11　"Configure Vcell" 表格

5. VcellFunction(Vcell 函数)

Vcell 变量定义了植入函数名的名称。该变量必须存在于 Vcell 模板文件中。变量定义格式如下：

　　set VcellFunction *Function_ name*

在该函数名后面没有任何参数。

7.3.2 器件内部结构定义

器件内部结构定义了如何用函数 "Vcell_NameSet**Parameter**" 中定义的参数来创建一个版图。所有的植入方法均包含在以下的函数中：

proc Function_name {par1 par2 par3 … parN} {

　　……

　　……

　　}

"Function_name" 在 Vcell 函数中有定义，"par1 par2 … parN" 是函数的形式参数。真正的参数值按以下顺序传递：

(1) VcellParameter 中的参数。

(2) VcellSetup 中的参数。

(3) VcellConfig 中的参数。

ZENI PDT 通过 TCL 语言的计算与执行命令来创建内部值，用 ZENI 工具的内建创建对象命令来画版图，这些创建对象命令包括 Rectangle、Polygon、Path 和 Instance。

7.3.3 内部创建对象指令

1．创建矩形

命令的格式如下：

rectangle "xl.yb.xr.yf" [-layer lay_name] [-purpose purpose]

　　[-pin name -io io_type-ad ad_type]

　　xl.yb.xr.yt: left bottom and right top coordinates of rectangle

　　-layer lay_name: layer name.

　　-purpose purpose: purpose name. "dwg" is defalult.

　　-pin name: pin name. Option "-pin" specifies Zeni regards the rectangle as pin.

　　-io io_type: pin type. Io_type must be one of "in"，"out"，"inout" and "switch"．

　　-ad ad_type: access direction. ad_type must be one of"all"，"top"，"bottom"，"left"

　and "right"．

例如：

rectangle"0.2 0.2 1.58 0.8"-layer oxide -purpose dwg -pin A -io in -ad all

2．创建 Polygon

命令的格式如下：

polygon"x1.y1[x2.y2] [x3.y3]…"[-layer lay_name] [-purpose purpose]

[-pin name –io io_type-ad ad_type]

x1.y1[x2.y2] [x3.y3]: all of point coordinates of polygon.

-layer lay_name: layer name.

-purpose purpose: purpose name."dwg"is defalult.

-pin name: pin name. Option"-pin"specifies Zeni regards the rectangle as pin.

-io io_type: pin type. Io_type must be one of"in","out","inout"and"switch".

-ad ad_type: access direction. ad_type must be one of"all","top","bottom",

"left"and"right".

例如：

Polygon"0.3 0.3 0.7 0.3 0.7 0.7 0.3 0.7"-layer Met1 –purpose dwg

3．创建路径

命令的格式如下：

path"x0.y0 [x1.y1] [x2.y2]…"[-layer lay_name] [-purpose purpose] [-width wid_num]

x0.y0 [x1.y1] [x2.y2]: middle line coordinates of path.

-layer lay_name: layer name.

-purpose purpose: purpose name."dwg"is defalult.

-width wid_num: path width.

例如：

Path"0.890 0.085 0.890 0.895"-layer Poly -purpose dwg -width 0.2

4．创建引用块

命令的格式如下：

Instance"x y"-lib lib_name -cell cell_name -view view_name

"x y"：参考点坐标。

-lib lib_name -cell cell_name -view view_name：被调用的单元的源。

例如：

Instance"0.01 0.02"-l tstlib -cell pmos -view layout

5．创建临时单元——dump

dump 命令用 dump 前的定义创建一个临时单元。该临时单元可以被引用块命令调用。命令格式如下：

> dump -cell cell_name
>
> instance "x y" -cell cell_name

cell_name：临时单元名称。

"x y"：基于原点坐标的偏移量。

注意：dump 命令和引用块必须同时使用。如果仅使用 dump 命令，该临时单元将不会在器件版图中出现，如图 7-12 所示。

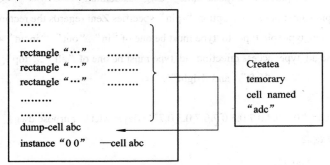

图 7-12　dump 命令与引用块同时使用

6．显示信息—VcellPrint

VcellPrint 命令显示 ZDM 中的信息。信息以 "/n" 结尾。

命令的格式如下：

> VcellPrint "msg"

例如：

> VcellPrint "PMOS will be of no gate. /n"

7.4　本 章 小 结

本章主要介绍了 ZENI 工具中将模板文件转换为自动创建的器件单元，即创建 Vcell 的流程。详细介绍了安装 Vcell 软件过程、参数配置以及一些详细的参考脚本。

第 8 章

全定制集成电路设计案例

8.1　SRAM 电路的设计

8.1.1　SRAM 简介

SRAM(Static Random Access Memory)是一种具有静止存取功能的内存，不需要刷新电路即能保存它内部存储的数据。

SRAM 的基本结构框图如图 8-1 所示。而 DRAM(Dynamic Random Access Memory)每隔一段时间需要刷新充电一次，否则内部的数据即会消失，因此 SRAM 具有较高的性能。但是 SRAM 也有缺点，即它的集成度较低，相同容量的 DRAM 内存可以设计为较小的体积，但是 SRAM 却需要很大的体积，且功耗较大。所以在主板上 SRAM 存储器要占用一部分面积。

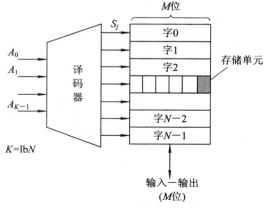

图 8-1　SRAM 的基本结构框图

相对于 DRAM 以电容中电荷的有无来区分"1"和"0"，SRAM 则采用一种双稳态电路来存储数据，这种结构上的差别使其具有掉电丢失数据、集成度不够高的缺点，但又具有速度快、不需要刷新以及外围电路设计简单等优点。同时，使用多个晶体管存储一位数据"1"和"0"的方式，使得 SRAM 成为 DSP 中最"昂贵"的器件。要实现 N 个字、每字为 M 位的存储器，最直接的方法是沿纵向把连续的存储字堆叠起来，再通过一个译码器将 K 位地址(A_0 至 A_{K-1}，$N = 2K$)译码得到一个字线信号 S_j，从而实现对一个存储字的访问。这种结构在很小容量的存储器中能够工作得很好，但是对于稍大容量的存储器，会使得存储器的宽长比变得不可接受。假设实现一个 1 M 字(1 MB)、每字 8 位的存储器，由于每个存储单元的形状近似于方形，因此采用这种结构实现的存储器高度约比它的宽度大 128 000 倍(220/23)。这样的设计显然是无法实现的，而且由于垂直方向的位线过长，也会使得存储器访问太慢。

为了解决这个问题，一般情况下的存储单元阵列都被组织成垂直尺寸和水平尺寸处在同一数量级上，即宽长比接近于 1。SRAM 的结构框图如图 8-2 所示。在这种情况下，存放在同一行的多个字被同时选择。为了把所需要的字送到输入/输出电路的端口，就需要再加上一个被称为列译码器的额外电路。这时，地址码被分成列地址(A_0 至 A_{K-1})和行地址(A_K 至 A_{L-1})。行地址可以选中一行的所有存储单元，而列地址则从所选出的行中找出一个所需要的字。通常，我们将行译码器的输入，即水平方向上的选择线称为字线，而将把 N 个单元连至输入/输出电路的导线称为位线。

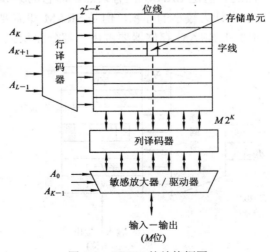

图 8-2　SRAM 的结构框图

由图 8-2 的结构可以看出，存储器的总体结构可以分成存储单元阵列、行译码器、列译码器和敏感放大器及驱动等几个单元模块。其中存储单元阵列是存储器结构的核心，而其他单元模块可称为译码器和外围电路。对于大容量的存储器，存储单元阵列的规模决定了存储器的尺寸和功耗等方面的指标。因此，存储单元的尺寸应尽可能地小。这就使得存储单元不得不牺牲数字电路所具有的某些特性，如噪声容限、逻辑摆幅或速度等。在存储单元阵列中，这些特性在一定范围内的降低是可以接受的。但是，当存储单元与外界接口时，就必须依靠外围电路来恢复所希望的数字电路特性。这就需要对敏感放大器及输入/输出电路进行仔细地设计，而译码器的设计也是减少存储器访问延迟的关键。

对于更大容量的存储器，由于字线和位线的长度、电容和电阻变得过大会开始出现严重的速度下降问题。解决这一问题的办法是将存储器进行划分，将存储器划分成若干小块，每个存储器块通过块地址选通。采用分体技术的存储器：一方面，可以使各存储块的字线和位线的长度保持在一定的界限内，从而保持较快的存取速度；另一方面，在工作时未被寻址的存储块可以置于省电模式，从而节省功耗。

8.1.2　SRAM 工作原理

SRAM 单元采用触发器形式，因为触发器具有两种不同的稳定状态，所以用它所处的不同的稳定状态来代表一位二进制信息。当没有外界信号作用时，触发器可以长久地保持其所处的某种稳定状态，因此也称之为静态存储器。下面将以本书所采用的 CMOS 存储位单元结构对 SRAM 的工作原理进行研究，如图 8-3 和图 8-4 所示。

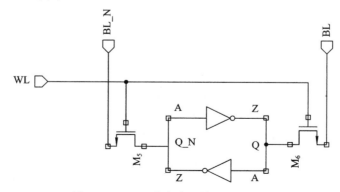

图 8-3　SRAM 基本存储单元电路图

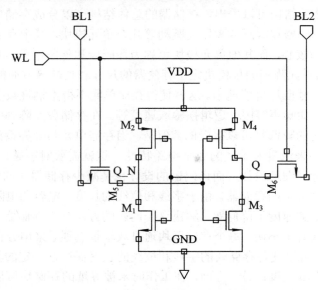

图 8-4　SRAM 基本存储单元电路图

SRAM 的工作状态包括写入、读出和数据保持三种。具体定义是：写入状态是指将数据线上的数据写入到存储位单元的存储节点中；读出状态是指将存储在存储位单元内部存储节点上的数据读出到数据输出口；数据保持状态是指在读写状态都不执行时，存储在存储节点上的数值保持原来状态。

1. 数据写入

假设当位线 B 端为 "1" 时，对存储单元写 "1"。当写入数据为 "1" 时，两条位线 B 分别加上高电平和低电平，字线 WL 加上高电平，门管 M_3、M_4 导通，这时无论存储节点的位线上 a 和 b 原来处于什么电平，位线将强制对 a 点电容充电，对 b 点电容放电，此时 M_2 和 M_5 导通而 M_1 和 M_6 截止，单元中存储数据 "1"。当写入数据为 "0" 时，刚好相反，在两条位线 B 上分别加低电平和高电平，门管打开，写入数据 "0"。通常 SRAM 存储单元都排成阵列结构，多个存储单元共用一根字线。当连续进行写入操作时，如果时序上配合不当，就有可能将前次位线上的数据对同一根字线上的其他单元中的数据改写，进行高速存储器设计尤其要注意这一点。另外，SRAM 存储单元中 MOS 管合适的宽长比值是保证存储单元能够高速地写入数据操作的关键。

2. 数据读出

SRAM 在进行读操作时，首先要保证两条位线 B 都预充到相等的高电平，然后使得字线 WL 为高电平，两个门管 M_3 和 M_4 都导通，此时，相当于把单元的存储节点 a 和 b 连接到两条位线 B 上。如果单元存储数据"1"，即 M_2 和 M_5 导通而 M_1 和 M_6 截止，位线占通过导通的 M_2 和 M_4 放电，而位线 B 保持高电平，从而在两条位线上得到正向的电压差，即

$$\Delta U = U_B - U_{\bar{B}} > 0$$

相反，如果单元存储数据"0"，则位线通过单元中导通的 M_1 和 M_3 放电，而位线 B 保持预充的高电平。这样在两条位线上得到一个反向的电压差，即

$$\Delta U = U_B - U_{\bar{B}} < 0$$

由于单元管的尺寸很小，而位线通过单元管放电的速度很慢，为了提高读出速度，只要在位线上建立起一定的电压差就可以了，而不必等到一边位线下降到低电平。通过列译码器控制的列开关，把选中的单元位线读出的微小的信号差送到公共数据线，再通过公共数据线送到读出敏感放大器，把微小的信号差放大为合格的高低电平，最后通过缓冲器转换成单端信号输出。

3. 数据保持

在写入或者读出操作后，字线 WL 降为低电平，门管 M_3 和 M_4 截止，将上述稳态触发器和位线隔断，这样位线上电平变化不再影响触发器的状态。存储高电平的节点电容会有电荷泄漏，可通过 PMOS 负载单元进行补充。因而，SRAM 存储单元能够长久地保持数据，而不需要如同 DRAM 那样的刷新。但有两种情况需要注意：停止供电或者电源电压降低到一定程度后，存储单元中的数据就会丢失；在重新供电后，需要重新写入数据。

由于存储单元都是以阵列形式排列的，必须防止前次读写操作在位线电容上残留的高低电平影响处于同一位线的单元中的数据。单元阵列结构如图 8-5 所示。

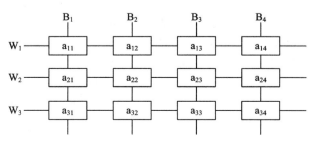

图 8-5　SRAM 存储单元阵列

假设单元 a_{21} 中存储数据 "0"，上次操作为处于同一位线 B_1 上的单元 a11 写入或读出数据 "1" 后，再关断 B_1 上的列开关。由于位线上存在寄生电容，位线 B_1 处于高电平。现在对处于同一字线 W_2 上的单元 a_{22} 操作，字线 W_2 加上高电平，这条线上的所有单元门管都打开，位线 B_1 上的高电平就有可能改写单元 a_{21} 中的数据 "0"。

解决这个问题有以下三种途径。

(1) 恰当地设计单元的尺寸，提高单元噪声容限，在保证写入的条件下，使位线寄生电容上残留的有限电荷无法改写单元中的数据。

(2) 在每次读写之前都对位线进行预充电，这样两条位线 B 上都是高电平，保证不会改写单元中的数据，但是这样会增加 SRAM 的动态功耗。

(3) 读数据时用隔离管将存储单元和位线隔开，使位线上的电平变化不会影响单元中存储的数据。这种方法保证数据安全，但同时也增加了芯片的面积。

8.1.3　SRAM 存储体电路设计

数据 Cache 存储体的基本构成是 SRAM 存储阵列，外围电路主要包括译码器、预充电路、差分放大器和写入控制等。本节以分体后的 SRAM 存储体为研究对象，研究了其组织结构及工作时序。在数据通路设计中，采用了锁存器型灵敏放大器以达到高速和低功耗的目的，并使用了大驱动的反相器链和三态门来完成数据输入和输出；在译码通路设计中，采用了多级静态译码和字线脉冲结构来降低译码电路中的功耗；在控制通路设计中，为使得灵敏放大器的使能时序在正确的时刻到达，采用了复制电路来模拟译码和位线操作的延时，并且使用了自定时电路来产生全局脉冲信号，以精准控制整个 SRAM 存储体有序地工作。

1. 存储体结构

静态随机存取存储器有同步(Synchronous)和异步(Asynchronous)之分。异步存储器采用内部事件产生的时钟信号来指挥整个电路的工作，电路的功耗较小，但时序难以控制，且读写速度较慢。而同步存储器则采用统一的外部时钟信号来协调电路的工作，因此速度较快。本节中的数据 Cache 为同步单端口 SRAM，其容量为 1 MB，工作频率为 300 MHz，输入和输出端口如表 8-1 所示。

表 8-1　输入和输出端口

名　称	类型	描　述
A[13:0]	输入	地址(A[0]为低有效位)
D[511:0]	输入	输入数据(D[0]为低有效位)
CEN[7:0]	输入	芯片使能(低有效)
WEN[63:0]	输入	读写使能(高读低写)
CLK	输入	时钟信号
Q[511:0]	输出	输出数据(Q[0]为低有效位)

　　同步 SRAM 的总体结构如图 8-6 所示，它可以分为预充电电路、SRAM 存储阵列、行译码电路、列译码电路、时序控制电路、读出逻辑电路(包括灵敏放大器和读控制电路)及写入逻辑电路(包括写驱动器和写入控制电路)。其中存储阵列是 SRAM 的核心，大多由基本的 6 管或者 8 管存储单元在水平方向上共享字线、在垂直方向上共享位线排列而成。行、列译码器实现具体的寻址，以选定每次读、写时的待操作单元。时序控制电路是同步 SRAM 中尤为重要的部件，其负责 SRAM 各功能部件间的协调与配合。灵敏放大器将位线上电压的差值放大成全摆幅信号并交由读控制电路控制输出。

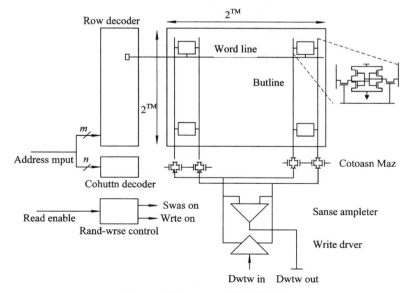

图 8-6　同步 SRAM 的总体结构

图 8-7 为一个 2×2 SRAM 的电路图。

动态2至4NOR译码器

差分灵敏放大器

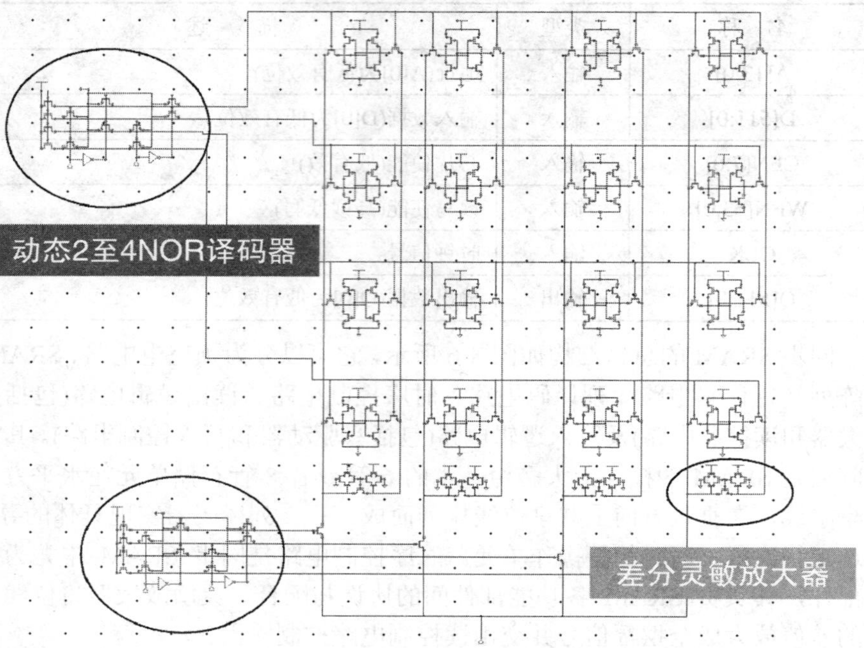

图 8-7　2×2 SRAM 的电路图

SRAM 的外部引脚分为地址总线、数据输入总线，数据输出总线、时钟信号、片选信号、读写控制信号等，如图 8-8 所示。

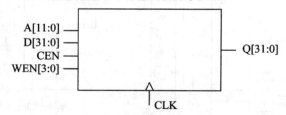

A[11:0]
D[31:0]
CEN
WEN[3:0]

Q[31:0]

CLK

图 8-8　SRAM 的外部引脚

2．存储体工作时序

SRAM 工作模式分为读模式、写模式和静态工作模式。读模式下的操作时序如图 8-9 所示，芯片使能信号、读写使能信号、地址信号在每个时钟上升沿被采样，只要满足一定的建立时间和保持时间的要求，经过一定的访问时间，数据就可以被读出。

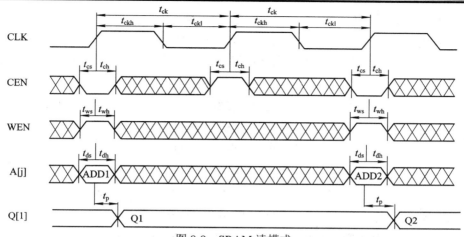

图 8-9　SRAM 读模式

　　写模式下的操作时序同读模式下的操作时序类似，只是读写使能信号
WEN 为低电平，且数据信号需满足建立时间(t_{ds})和保持时间(t_{dh})的要求，如图
8-10 所示。在本节的存储器中，为了确认写入数据的正确性，写入的数据经过
短暂的延时被写回到数据输出引脚上。这种结构被称为写穿透(Write Through)。
当片选信号 CEN = 1 时，SRAM 不进行读或写操作。只要系统不掉电，SRAM
存储的数据都不会丢失，此时 SRAM 处于静态工作模式，系统只消耗较低的
静态功耗，数据输出引脚上将保持上一次输出的数据状态。

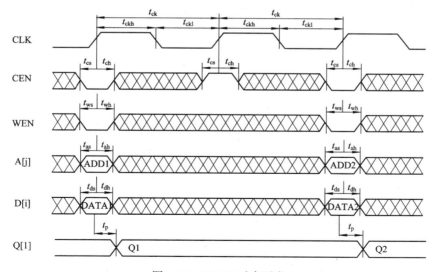

图 8-10　SRAM 时序要求

3．预充电路设计

在对存储单元执行读写操作之前，位线最初往往被上拉至一个接近电源电压的高电平。用于给位线预充电的电路称为预充电路或者列上拉电路，如图 8-11 所示。

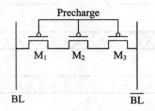

图 8-11　SRAM 预充电路

电容的放电速度比充电速度快，如果把对位线的操作都转化为对电容放电，就可以大大加快电路的工作速度。因此，在两条位线之间加了一块预充电路，由三个 PMOS 管组成。预充(Precharge) 信号施加到两个上拉晶体管和被称为平衡管的第三个晶体管上，连接在两条位线之间使其电平相等。当字线信号升高时，一条位线保持高电平，而另一条位线的电平持续下降直到字线信号变低为止。两条位线间的电压差送到敏感放大器中，这个放大器将在电压差值超过一个特定的阈值时触发，从而读出数据。

预充信号通常是一个低电平脉冲信号。其产生可以通过多种方式，比较典型的是通过一个地址转变探测(Address Transition Detection，ATD)电路得到：地址输入的任意转变触发 ATD 信号，其基本电路由一组异或电路构成，如图 8-12 所示。

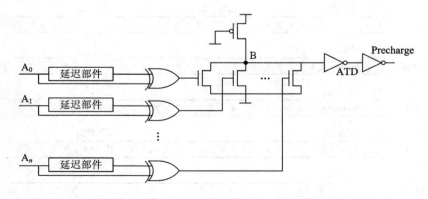

图 8-12　SRAM 地址转变探测电路

图 8-12 中的每一个异或门都在各自的一个输入处有一个延迟部件。当一条地址线改变时，因为输入的值在很短的时间内不同，所以输出会产生一个短时的脉冲。这个脉冲一旦产生，就导通 NMOS 或非门下拉晶体管中的一个，在其输出产生一个负向的脉冲，并传递给另一个反相器来产生实际的 ATD 信号。ATD 信号可以被反相并作为预充信号施加到位线预充元件上。地址的转换通常在时钟周期开始前发生，其结果是预充操作一般发生在前一个存储周期结束时。

本节中 SRAM 的预充信号是通过时序控制部件产生的脉冲信号经列译码选择后产生的，如图 8-13 所示。GTP 为时序部件产生的片内脉冲信号，YCDSEL 为列译码后的反相信号，当其为低电平时预充信号 YI 跟踪 GTP 信号的变化，通过传输门和两个反相器的延时后被产生，位线被下拉以完成读、写操作，除此之外位线保持为高电平。采用这种窄脉冲方式的一个好处是位线在一个周期内的大多数时间里都处于高电平状态，仅仅在字线信号选通期间才会有电平的下降，避免了位线上电压不必要的摆动引起的功耗浪费。另一个好处是将预充与列选择结合了起来，在一次读、写操作中，只有被选中的列才会发生位线上的压降，而未选中的列的位线保持高电平不变，有利于功耗的节省。

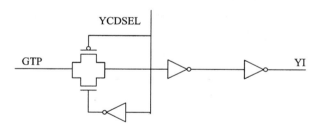

图 8-13　SRAM 预充信号产生电路

4. 灵敏放大器电路设计

存储单元尺寸较小，相对于大的位线电容来说，放电过程极其缓慢。位线放电时间可以近似估计为

$$\tau = \frac{C_\mathrm{B}}{k'\left(\dfrac{w}{l}\right)(U_\mathrm{DD} - U_\mathrm{th})^2} \times \Delta U \tag{8-1}$$

式中，ΔU 为位线对放电电压差；C_B 为位线上的负载电容；k' 为存储单元访问管的本征跨导。由于亚阈值漏电流的原因和工艺上的限制，因此访问管的阈值

电压不能跟随电源电压等比例下降。要避免位线放电速度的下降，可以增强存储单元访问管和驱动管的尺寸，但这样会增大存储单元的面积，导致整个存储器面积增大。为了加快读出速度，常常会用到灵敏放大器。灵敏放大器从电路结构上来说可以分为差分电流镜型、交叉耦合型和锁存器型三种。

1) 电流镜型灵敏放大器

电流镜型灵敏放大器如图 8-14 所示。其中 M_{N1} 管和 M_{N2} 管为差分输入管，M_{P1} 管和 M_{P2} 管构成的电流镜为有源负载，M_{N3} 管为电流源结构，为放大电路提供稳定的工作电流。通常其前级电路为一个直流偏置电路，以使得位线上电压差到来之前，放大器处于高增益区。其后级电路为驱动电路，以增强电路的带负载能力。电流镜的原理是如果两个相同的 MOS 晶体管的栅极电压和源、漏电压相等，沟道电流就应该相等。故图 8-15 中电流 I_{D1} 被镜像到 M_{N2} 管，并与电流 I_{D2} 进行比较，两者的电流差的放大增益转换成很高的电压，从而实现放大，即

$$A_{\text{SENSE}} = -g_{m1}(r_{mn2} \,/\!/\, r_{mp2}) \tag{8-2}$$

式中，g_{m1} 是输入晶体管的跨导；r_{mn2} 和 r_{mp2} 分别为晶体管 M_{N2} 和 M_{P2} 的输出电阻。电流镜型灵敏放大器的优点是灵敏度高，且在理想情况的共模增益为零，有很高的共模抑制比(CMRR)，缺点是速度慢且不适合低电压工作。

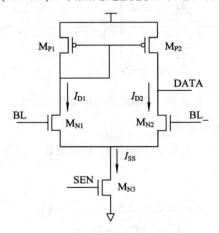

图 8-14　电流镜型灵敏放大器

2) 交叉耦合型灵敏放大器

交叉耦合型灵敏放大器如图 8-15 所示。其原理如下：当 SEN 信号为高时，

放大器开始工作。假设 BL 保持高电平不变，BL 被下拉一定摆幅，则 M_{N1} 流过的电流大于 M_{N2} 流过的电流，DATAB 点的电位的下降速度比 DATA 点的下降速度快，则 M_{P2} 先导通，再通过 M_{P1} 和 M_{P2} 构成的正反馈结构，使得 DATA 点的电位越来越高，而 DATAB 点的电位越来越低，最终分别达到逻辑"1"和逻辑"0"，实现放大过程。

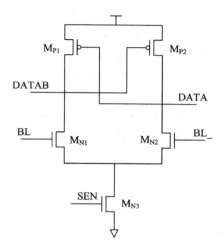

图 8-15　交叉耦合型灵敏放大器

交叉耦合型灵敏放大器具有速度快的优点，但当 SEN 信号仍保持为高时，由于 BL 只是被下拉一定的摆幅，此时 M_{N2} 仍处于导通状态，因此 DATA 节点的电压实际上并不能完全上升到 U_{DD}，M_{P1} 管也不能完全截止，浪费了一定的功耗。

3) 锁存器型灵敏放大器

锁存器型灵敏放大器如图 8-16 所示。电路的主体部分为两个 CMOS 反相器对组成的正反馈结构。M_{P3} 管和 M_{P4} 管为去耦合管，避免了位线信号与放大节点上信号间的耦合。当放大器被使能后，M_{N3} 管和 M_{N4} 管导通，M_{N1} 管和 M_{N2} 管处于饱和区，节点 SL 和 SLB 同时开始放电，此时反相器处于高增益的过渡区。由于两条位线放电时的开启电平不同，其放电速度也不同，SL 和 SLB 其一会到达 M_{N1} 和 M_{N2} 的阈值电压 U_{th}。假定 SL 电位高于 SLB，那么 M_{N2} 管的栅电压大于 M_{N1} 管的栅电压，则流过 M_{N2} 的电流大于流过 M_{N1} 的电流。于是 SLB 点的放电速度较快，进入正反馈状态。当 SLB 电压降低到阈值电压以下时，M_{N1} 管截止，M_{P1} 管导通，电源通过 M_{P1} 管开始对 SL 充电，加快了正反馈的速度，最终使得 SL 和 SLB 快速达到各自的稳定高电平和低电平。此时，两个反相器都转换到某一个稳定态，即只有一个管子导通，另一个管子截止，即使此时使能信号仍然有效，静态功耗也为零。该类型的放大器具有高增益和低功耗的优点。

　　放大器使能信号的产生电路也如图 8-16 所示。GTPN 为片内时钟信号，通过 6 个反相器组成的反相器链来产生所需要的放大使能信号。使能信号由两个脉冲的交叠时间段控制，其开始于 GTPN 信号的上升沿，结束于 SRCD 的下降沿。这样，在 GTPN 信号变低时，也即位线上放电过程被截止时，灵敏放大器开始启动，而经过 6 个反相器的延时后，灵敏放大器被截止，延时可以通过调整反相器尺寸加以控制，本节中灵敏放大器的延时控制在(200～300)ps 内，确保了灵敏放大器有合适的反应时间来对位线上的小电压摆幅做出反应。SP 信号在此段时间里保持为高，避免了位线信号与放大节点上信号间的耦合。

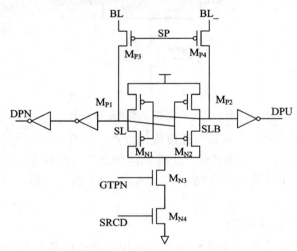

图 8-16　锁存器型灵敏放大器

5．读写控制电路设计

　　图 8-17 为数据输入电路。通过使用大驱动的反相器来提供足够的电流，以实现存储单元内的数据翻转。其中，D 为数据信号；WEN 为读写使能信号。当 WEN = 0 时，进行写操作，数据被转换成两个互补信号 DW，并传送到位线上；当 WEN = 1 时，进行读操作，两个互补信号 DW 都被强制为低电平，数据不能进入存储单元。GTP 为片内时钟信号，进行数据锁存。

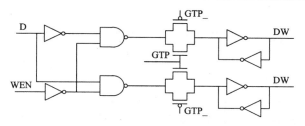

图 8-17　数据输入电路

　　这里的电路应用了写穿透(Write Through)的技巧，被写入的数据经过旁路后可以出现在数据输出端口。写数据如图 8-18 所示，当列选信号 CS 为低时，当前列被选中，数据被写到位线上，随即被传递至灵敏放大器的输入数据线 DR 上并经灵敏放大器读出。通过这样的方式，可以随时跟踪写入的数据，确认写入的值是否正确。

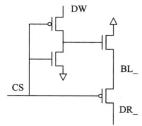

图 8-18　写数据

　　为了增强输出端的驱动能力，使数据的输出速度不受灵敏放大器数据线长度的影响，数据输出电路通常采用 CMOS 门闩。数据输出电路如图 8-19 所示，DPU 和 DPN 是来自灵敏放大器的输出信号，SP 信号起着控制数据输出的作用。当 SP = 1 时，数据经由两级反相器的缓冲后输出；当 SP = 0 时，数据在此保持。

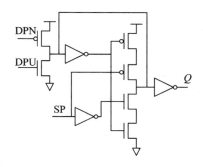

图 8-19　数据输出电路

6. 译码电路设计

译码器是所有随机存取存储器的基本部件。在 SRAM 芯片中，地址译码器的作用是选中特定的存储单元进行读、写操作，实现随机存取的功能。地址译码电路所占面积仅次于存储单元阵列。它一般包括行译码器和列译码器，这是因为考虑到译码器直接与排列成矩阵形式的存储单元阵列相连，如果两者之间尺寸不匹配的话，就会造成互连线的增加，从而导致不必要的延迟和功耗。以一个 4096 字 × 32 比特的 SRAM 为例，其共有 12 条地址线来保证每一个存储单元都能被选中，如果存储单元阵列排列成 4096 字 × 32 比特的矩阵，则需要一个 12/4096 的译码器，纵向上过长的连线将会严重影响译码的速度。因此存储阵列被排列成一个 256 字 × 512 比特的矩阵，12 位地址分别被分配到一个 8/256 行译码器和一个 4/16 列译码器上。为了优化译码电路的延时和功耗，在 SRAM 中应用了多级静态译码器和和字线脉冲结构。

1) 多级静态译码器

一个 n 位的译码器需要 2 个逻辑门，每一个有 n 个输入。例如，当 $n=6$ 时，需要 64 个 6 输入的与非门驱动 64 个反相器来实现译码器。对于输入超过 4 个的逻辑门来说，由于串联堆叠作用会产生较大的串联电阻和较长的延迟，此时应当采用门的级联方式而不是 11 个输入的门。多级静态译码器如图 8-20 所示，通常使用两级电路：一个预译码级和一个最终译码级。预译码级产生被最终译码级的多个门使用的中间信号。

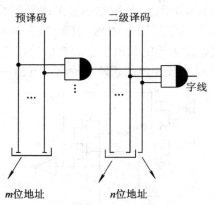

图 8-20　多级静态译码器

对于多位译码器来说，直接实现较为复杂，一般可由基本的 3/8 译码器和 2/4 译码器通过一定的组合实现。图 8-21 为一个对高 8 位地址进行译码的行译码结构电路。由 2 个 3/8 译码器和 1 个 2/4 译码器产生 20 个中间信号，这 20 个中间信号在最终译码级通过 3 输入与非门和反相器来产生 256 个字线信号。该译码结构电路全部采用静态电路实现，避免了动态电路预充电的过程和时序控制相对复杂的缺点，使得其功耗较动态电路消耗得少，且控制逻辑简单。

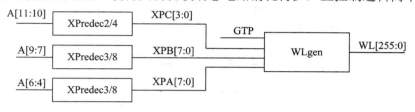

图 8-21　行译码结构电路

图 8-22 为列译码结构电路。列地址用来选择列多路复用中的位线对，传递数据给数据线。使用地址 A[4:0] 作为列译码地址，选择 16 路列复用中的一列位线对。本节设计的存储阵列共 512 列，数据位宽为 32 位，采用了 16 路列复用电路。主体电路为一个 3/8 译码器，译出的 8 个中间信号同最低位地址 A[0] 或其反信号 A[0]_ 相"与"，产生了 16 个选择信号以决定 16 列单元中的哪一列存储单元被选中。

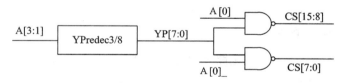

图 8-22　列译码结构电路

2) 字线脉冲结构

在最终的译码电路中，逻辑门的输出通常直接驱动带有很大负载的字线。由于反相器是最好的大电容驱动器，通常译码电路的输出端接了多级缓冲器以驱动字线，这就会带来一部分延时和功耗上的损失。

脉冲电路的译码方式：将字线的波形转变成随着时钟的变化而变化的脉冲信号。在时钟的高电平时，根据译码的结果激活相应字线开关；在时钟的低电平时，直接关闭字线开关，无需再通过冗长的译码过程执行关闭操作。在访问存储阵列前，字线开关都是关闭的，这样就减少了频繁关闭字线开关所带来的功耗。字线译码电路如图 8-23 所示。其中，GTP 为片内短时脉冲信号；WL 为字线。与普通译码结构不同的是，译码器与门的输出不经由反相器驱动后输出，而是接在传输门 NMOS 管的栅极上。当与门的输出结果为高时，传输门导通，那么 WL 在两个反相器的延时后就产生和 GTP 一样宽度的短脉冲；当与门的输出结果为低时，传输门关闭，而下拉 NMOS 管导通，使得 WL 的结果为 0。

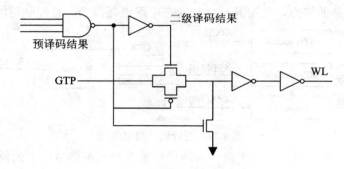

图 8-23　字线译码电路

采用该译码结构的优点在于：WL 信号严格跟随 GTP 信号的变化，其间只有两个反相器的延时；且译码电路的负载基本上只来源于传输门和下拉管，而字线上的负载由两个大尺寸的反相器承担，这样可以减轻译码电路的负担并保证字线波形的规整。以最远端字线 W_1 上 55 个字线信号的产生为例，波形的窄脉冲可以保证读写过程的时间最小化。

7. 控制电路设计

控制电路包括数据复制电路和自定时电路。

1) 数据复制电路设计

如前所述，SRAM 中多使用了灵敏放大器这样的器件以检测并放大位线上的小摆幅电压，达到减小延时和降低功耗的目的。但是，检测使能信号的时序非常重要。如果过早使能，位线上的摆幅太小，锁存器可能由于噪声的作用而会向正确的方向翻转，放大器识别出错误的数据；如果使能太晚，位线上的摆幅将会很大，这就给存取时间增加了不必要的延迟，还浪费了相当一部分的功耗。

传统的做法是使用反相器链，在位线上达到合适的摆幅后，反相器链的输出开始使用灵敏放大器，进而将结果放大输出。假设位线放电时间需要 1 ns 才能达到灵敏放大器所需要的摆幅，且假设一个 4 扇出反相器的延时为 50 ps，则需要 20 级反相器才能匹配 1 ns 的延时。这种方法在存在工艺或环境变化的情况下，无法很好地跟踪被访问单元的延时。延时的波动跟电源电压和阈值电压的关系如式(8-3)所示，可见延迟与栅过驱动电压成反比，即

$$\frac{\Delta T^2}{T^2} \propto \frac{\Delta U_{\mathrm{DD}}^2 + \Delta U_{\mathrm{T}}^2}{(U_{\mathrm{DD}} - U_{\mathrm{T}})^2} \tag{8-3}$$

为了在出现工艺变化的情况下也能保证使能信号在正确的时间到达，需要引入一个模拟实际信号通路延迟的复制电路，对实际信号通路的延迟进行模仿，从而可以确保检测使能在位线摆幅达到期望值时到达，加速存取过程，降低位线的摆幅，从而达到降低功耗的效果，其译码电路如图 8-24 所示。图中，上方源自时钟的路径是连到位线的实际信号路径，使能信号应该在位线摆幅一达到期望的值时就达到；下方通过建立显示相同延迟特性的第二条路径，可以确保使能信号在正确的时间到达。复制电路的目的是对应于每个延迟部件的电路复制路径上的延迟。从根本上来说，我们想要一个可以追踪实际译码器中门延迟的译码器复制电路和一个可以追踪实际位单元中位线放电延迟的单元复制电路。存储器单元复制电路应该放置在译码器复制电路之前，因为一个小的存储单元不足以驱动存储器底部的所有灵敏放大器，应该由译码器复制电路的缓冲来驱动。

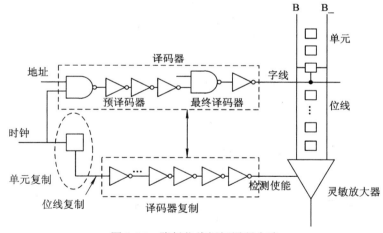

图 8-24　降低位线摆幅译码电路

基于以上原理，可以在版图中引入多个虚拟存储单元。虚拟存储单元的个数与存储单元阵列的规格相匹配，尺寸与实际存储单元的尺寸相同。同时引入虚拟字线和虚拟位线，虚拟字、位线上的负载和实际字、位线上的负载相匹配，以匹配真实的位线在字线高电平期间的放电过程，并在放电完成后启动灵敏放大器。通过这样一种对实际放电过程的模拟，在任何恶劣的工艺和环境变化下，都可以保证灵敏放大器使能信号能在最合适的时刻启动。

2) 自定时电路设计

在某些电路中，存在经过指定的延迟后可以给自身充电(也就是给自身复位)的结构，这类电路称为后充(Postcharge)或者自复位逻辑电路。传播过这些电路的信号是脉冲。这样的结构非常适合 SRAM 电路中的脉冲式操作。

标准的自复位电路如图 8-25 所示。输出反馈到预充控制输入，经过一个指定的时间延迟后恢复上拉的工作，延迟线通常以一系列反相器来实现。

SRAM 中的自定时电路被用来通过内部电路的反馈自动截止字线信号。其主要部分的电路如图 8-26 所示。其中，CLK 是芯片时钟信号；CEN 为芯片使能信号；MBL 为虚拟位线；RST 为复位信号；GTP 为片内时钟信号。当 CEN 有效后，GTP 在一定延时后跟随 CLK 变为高，即产生其上升沿；虚拟位线 MBL 放电完成后，触发 RST 信号变低，使得

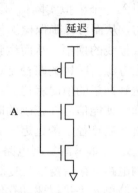

图 8-25 自复位电路

GTP 被下拉，即产生其下降沿。GTP 信号的宽度决定了字线信号的宽度，在 GTP 被复位后，字线也马上被关断，位线同时开始预充，等待下一个时钟周期的到来。延迟线由 GTP 到 MBL 的电路延时决定。

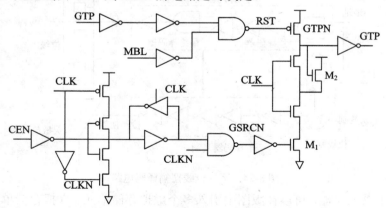

图 8-26 自定时电路

8.1.4 SRAM 版图设计

基本存储体的版图如图 8-27 所示。

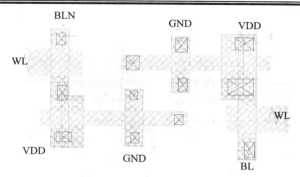

图 8-27　基本存储体的版图

SRAM 电源的布局和布线如图 8-28 所示。

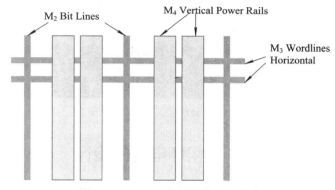

图 8-28　SRAM 电源的布局和布线

2 × 2 存储阵列版图如图 8-29 所示。

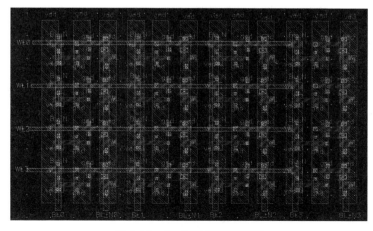

图 8-29　2 × 2 存储阵列版图

SRAM 在芯片版图中的布局如图 8-30 所示。一般 SRAM 会摆放在芯片的四周，这是因为 SRAM 的数据线使用频繁。

图 8-30　SRAM 在芯片版图中的布局

8.2　锁相环电路的设计

典型的整数型锁相环(Phase-Locked Loop，PLL)的基本框图如图 8-31 所示，是最常见的锁相环结构，它由鉴频鉴相器、电荷泵、环路滤波器、压控振荡器和分频器五部分构成。压控振荡器的输出信号 f_{VCO}，经过分频器 N 分频后得到频率信号 f_{DIV}，由鉴频鉴相器与输入参考时钟 f_{REF} 进行相位比较，控制电荷泵的充放电电流，并经过环路滤波器产生电压信号，调整压控振荡器的输出频率，形成一个相位域的负反馈结构。通过对相位的检测和反馈控制，使鉴频鉴相器的两个输入时钟的相位差保持一致，从而自动跟踪输入信号的相位和频率。

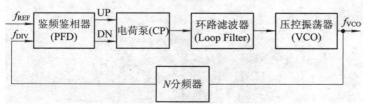

图 8-31　整数型锁相环的基本框图

对于整数型锁相环，环路锁定后，压控振荡器的输出频率为参考频率的整数倍，即 $f_{VCO} = f_{REF}N$。如果利用 $\Delta\Sigma$ 调制器调制分频比，实现分数分频，可以取得非常高的频率精度，而不受参考频率的限制，但分数锁相环也会引入分数杂散，增加功耗和复杂度。

整数型锁相环频率综合器的框图如图 8-32 所示，它由鉴频鉴相器、电荷泵、环路滤波器、压控振荡器、预分频器和可编程分频器六部分构成。振荡器工作于 4.8 GHz 频段，经过电流模的二分频电路提供 I/Q 正交本振信号，经缓冲后送入到上下混频器和预分频器。预分频器采用了 7.75/8 的相位切换预分频器。预分频器的 0.25 的分频比变化量可以使参考频率从 2 MHz 提高为 4 MHz，参考频率增加一倍有助于提高环路带宽，加快环路锁定，分频比也下降了一半，带内相位噪声可以降低 3 dB。环路滤波器采用三阶无源滤波器抑制参考杂散，滤波器的电阻和电容全部在片内集成，所以需尽量减少芯片占用面积。通过正交二分频器，锁相环最终输出 2.4 GHz 频段、频率间隔为 1 MHz 的正交信号。

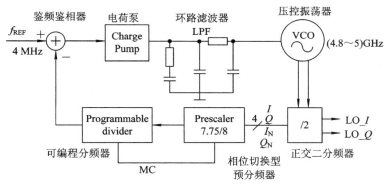

图 8-32　整数型锁相环频率综合器的框图

8.2.1　鉴频鉴相器电路设计

电荷泵型锁相环中的鉴频鉴相器是必不可少的组成单元，它通过比较参考时钟和分频器输出信号间的相位差，控制电荷泵上下拉电流对环路滤波器进行充、放电，从而调谐压控振荡器的振荡频率，常见的结构是两个带有复位端的 D 触发器，输入为参考时钟 REF 和分频器输出信号 VCO，在触发器输出同时为高时对 D 触发器进行复位，如图 8-33 所示。

鉴频鉴相器主要性能指标包括鉴相范围和鉴相精度。鉴相范围是指在

PFD/CP 输出电压随输入相位差单调变化的相位范围，理想的 PFD 的鉴相范围为[-2π，$+2\pi$]。然而，由于触发器复位电路的延迟，使得 PFD 的鉴相范围将小于 4π。

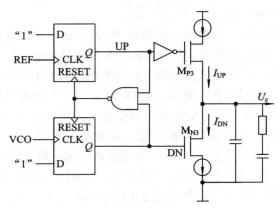

图 8-33　鉴频鉴相器控制电荷泵对滤波器进行充、放电

　　鉴相精度是指 PFD 所能鉴出的最小相位差，当分频信号 f_{DIV} 和参考信号 f_{REF} 相位差小于这个值时，PFD/CP 不能对相位差正确响应，产生所谓的"死区"。PFD 的特性曲线如图 8-34 所示。当参考时钟信号 f_{REF} 和分频器输出时钟信号 f_{DIV} 间相位误差小于 $\Delta\varphi$，UP 或 DN 信号脉冲宽度非常窄，由于鉴频鉴相器输出端及电荷泵控制端存在的寄生电容，电荷泵无法输出电流，相当于不能检测出此相位差。这就意味着此时锁相环的环路增益为零，锁相环没有锁定，在 $\pm\Delta\varphi$ 范围内漂移，因此认为在 $\varphi = 0$ 附近"死区"大小为 $\pm\Delta\varphi$。

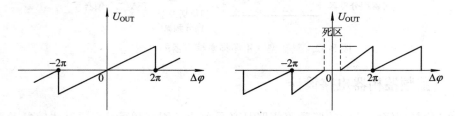

(a) PFD 的理想特性曲线　　(b) 带有"死区"PFD 的非理想特性曲线

图 8-34　PFD 的特性曲线

　　PFD/CP 的"死区"可以通过在 PFD 中引入额外的延时，增加 UP 和 DN 的脉冲宽度来消除。但电荷泵导通时间增加，会增加参考杂散和电荷泵噪声。UP 和 DN 导通时间由 D 触发器的本身复位延迟和外加的延迟时间决定，延迟时间的选择可以通过仿真 PFD/CP 的相位输出电压曲线并加上适当余量得到。

通过复制 PFD 的电荷泵的开启时间，由可变延迟单元控制 PFD 的复位延迟时间，自适应调节复位延迟时间，是比较好的方法。

鉴频鉴相器(PFD)电路的常见结构包括如图 8-35 所示的普通边沿触发式 PFD 和真单相时钟(True Single Phase Clocking，TSPC)动态 D 触发器式 PFD。TSPC 触发器结构的鉴频鉴相器仅有三个门的延迟，工作速度快，应用广泛。最近又出现了通过边沿检测电路扩展 PFD 的鉴相范围的方法，可以避免输入相位差过大时，PFD 发生周期滑移(Cycle Slip)，从而减小锁相环捕获和锁定时间。

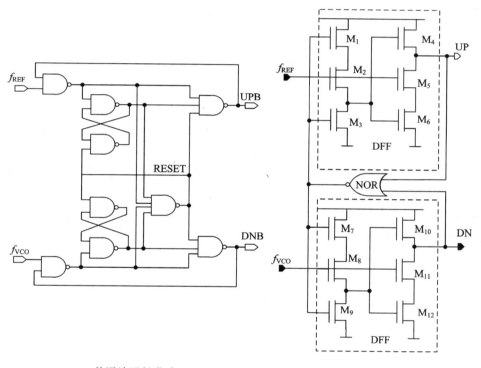

(a) 普通边沿触发式 PFD　　　(b) TSPC 动态 D 触发器式 PFD

图 8-35　PFD 的结构框图

本节所采用的锁相环结构规定参考信号频率为 4 MHz，工作频率比较低，可以采用比较简单的静态 CMOS 逻辑的 D 触发器实现。图 8-36 为鉴频鉴相器的瞬态仿真图，输入为参考信号 REF 和分频器信号 DIV，输出信号 UP 和 DN 为对电荷泵的充放电控制信号，最小复位脉冲宽度设为 500 ps。

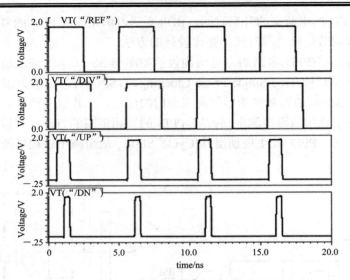

图 8-36　鉴频鉴相器的瞬态仿真图

　　图 8-37 为鉴频鉴相器的 UP 和 DN 信号的单转双电路，用于差分型电荷泵中对电流源左右支路切换时的开关信号。采用一直导通的传输管模拟反相器延迟，并且采用了两个反相器组成交叉耦合电路使差分信号边沿对齐，可以有效补偿传输路径的不对称。该电路的瞬态仿真图如图 8-38 所示，UP 和 UPB、DN 和 DNB 开关信号的波形边沿对称，相交于 0.9 V 附近，应用于电流导向型电荷泵中，可以降低电流切换时电流源晶体管漏端的毛刺。

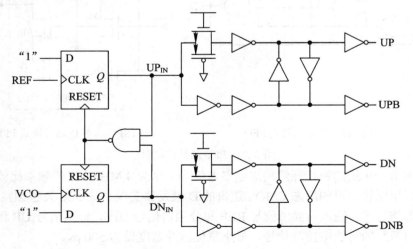

图 8-37　鉴频鉴相器的 UP 和 DN 信号的单转双电路

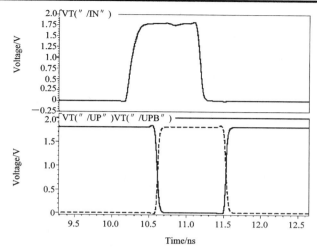

图 8-38　鉴频鉴相器的 UP 和 DN 信号的单转双电路的瞬态仿真图

8.2.2　电荷泵电路设计

电荷泵是锁相环中的又一个重要模块，它在鉴频鉴相器控制下，将参考时钟和分频信号的相位差转换为充放电电流，并通过环路滤波器转变为电压信号，从而调整压控振荡器的振荡频率。由第 3 章分析得到锁相环带内相位噪声一般由电荷泵噪声决定，同时输出杂散也取决于电荷泵的电流匹配和毛刺等因素，因此电荷泵也是锁相环中的一个关键模块。

根据电流开关与电流源的相对位置，电荷泵分为漏极开关、栅极开关和源极开关三种类型。栅极开关型速度慢，一般很少使用。电荷泵充放电电流失配、时钟馈通、电荷注入、电荷泄漏和电荷共享是电荷泵电路的主要问题，这些缺陷会在参考时钟和分频器输出两者间引入相位差，增加参考杂散，电荷泵的输出噪声则是锁相环的带内噪声最大来源。

1. UP 和 DN 开关信号失配

为了消除 PFD 的“死区”，即使输入相位差为零，会在 UP 和 DN 信号(UP 和 DN 分别为 PFD 产生的对电荷泵充放电电流的控制信号)产生重合的窄脉冲。在 PLL 锁定时，理想情况下的 UP 和 DN 信号同时变高，并且同时复位，上、下拉电流同时开启和关闭，不会对 VCO 控制端产生扰动。但当 UP 和 DN 信号的路径延迟或者开关管失配时，导致电荷泵开启、关闭时间失配，从而产生净输出电流，在锁相环输出端引起参考杂散。

2. 电荷泵上拉、下拉电流失配

电荷泵电流注入的失配引起的瞬态响应如图 8-39 所示，每个参考周期，电荷泵的上、下拉电流源都会打开，上、下拉电流的不匹配，使得电荷泵产生的净输出电流相差 ΔI_{CP}。环路锁定时，由于环路滤波器的输出电压为稳定值，此电流差 ΔI_{CP} 会促使 PFD 两输入信号间引入稳定相位差补偿电流失配，使平均输出电流保持为零。但瞬时电流差 ΔI_{CP} 会在输出电压上产生周期纹波，也就是产生了参考杂散。电流失配有几个方面的来源：上、下拉电流源晶体管的工艺失配，沟道调制效应，PMOS 和 NMOS 开关管动态特性的差异和节点电容差异等。可以通过加大器件尺寸、优化版图设计、优化开关特性或电流校准等方法降低电流失配。

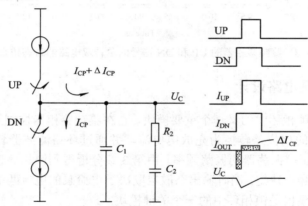

图 8-39　电荷泵电流注入的失配引起的瞬态响应

3. 开关管电荷注入和时钟馈通

开关管电荷注入和时钟馈通常对应的是电荷泵输出的宽度很窄的高速毛刺。当电荷泵中开关管开启或者关闭时，沟道中电荷会进入或者离开沟道，从而对电荷泵输出电压 U_C 产生周期性的扰动，称为电荷注入。时钟馈通是指由于开关管存在栅–漏寄生电容 C_{gd}，UP 和 DN 开关信号都会通过寄生电容耦合到滤波器，栅–漏寄生电容越大，耦合越强，可以减小开关管尺寸降低栅–漏寄生电容。常通过互补差分对管作为开关管解决，如图 8-40(a)所示，NMOS 和 PMOS 沟道中的电子和空穴中和，消除电荷注入效应，互补差分对管的栅–漏寄生电容使时钟的正负边沿对输出电荷的影响相互抵消。互补差分对管并不能完全抵消时钟馈通，因为 NMOS 和 PMOS 器件的特性、工作状态并不相同，C_{gd} 也不完全相同,因此采用一种和开关管尺寸相同的一端悬空的无效晶体管(Dummy 管)

进行抵消，如图 8-40(b)所示，但要完全抵消需要保证两者同时工作于饱和区。

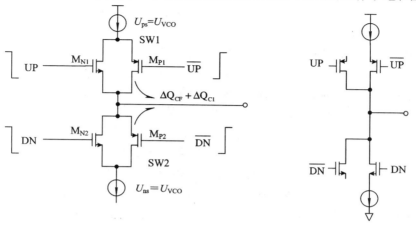

(a) 互补开关管补偿电荷注入和时钟馈通　　　　　(b) Dummy 管补偿时钟馈通

图 8-40　时钟馈通

4. 电荷共享

电荷共享效应如图 8-41 所示，M_1、M_3 关断而 M_2、M_4 导通时，节点电压 U_p 与 M_9、M_{10} 漏端电压相等；当 M_1、M_3 导通而 M_2、M_4 关断时，M_9、M_{10} 漏端电压又要趋向于 U_{OUT}，如果 $U_p \neq U_{OUT}$，电荷就通过 M_9、M_{10} 漏极寄生电容和滤波器电容在节点 U_p 与 U_{OUT} 处产生共享，寄生电容上的净电荷变化量会流入或流出到环路滤波器中，造成环路滤波器纹波。

以上这些非理想因素，都会在锁相环输出频谱上载波频率偏移 $nf_{REF}(n=1, 2, \cdots)$ 处引入杂散。参考信号和分频信号的稳定相位差可以表示为

$$|\Delta\varphi| = 2\pi\left(\frac{I_{leak}}{I_{CP}} + \frac{T_{on}}{T_{REF}}\frac{\Delta I_{CP}}{I_{CP}} + \frac{T_{on}}{T_{REF}}\frac{\Delta t_{delay}}{T_{REF}} + \frac{1}{T_{REF}}\frac{\Delta Q}{I_{CP}}\right) \tag{8-4}$$

式中，I_{leak} 为电荷泵输出和环路滤波器泄漏电流；T_{on} 为电荷泵控制信号 UP 和 DN 同时开启的时间；T_{REF} 为参考时钟周期；ΔI_{CP} 为电荷泵失配电流；Δt_{delay} 为 UP 和 DN 的时间失配；ΔQ 是由于时钟馈通和电荷共享的电荷。考虑三阶环路滤波器，参考杂散为

$$P_r = 20\lg\left(\frac{\sqrt{2}I_{CP}RK_{VCO}\Delta\varphi}{4\pi f_{REF}}\right) - 20\lg\left(\frac{f_{REF}}{f_{P1}}\right) - 20\lg\left(\left(\frac{f_{REF}}{f_{P2}}\right)^2 + 1\right)$$

$$\tag{8-5}$$

式中，R 为滤波器电阻；K_{VCO} 为 VCO 的压控增益；f_{REF} 为参考频率；f_{P1}、f_{P2} 分别为滤波器第一和第二个极点；$\Delta\varphi$ 为锁定后 PFD 两输入信号间的相位差。

许多文献提出了各种结构解决这些问题，如采用单位增益缓冲器保证输出端和其差分端电位相等避免电荷共享，并通过共模反馈保证充放电电流匹配；对电流导向型电荷泵采用新的电流切换结构，单位增益放大器不需要提供电流差，避免了单位增益缓冲器有限带宽造成的毛刺；采用源极切换，通过两条反馈支路，使电荷泵整个输出电压范围内，充放电电流保持恒定。

图 8-41 为差分电流导向型电荷泵，综合采用了各种匹配技术，具有很高的性能。电荷泵采用差分结构，由单位增益缓冲器保持 U_{OUT}、U_P 两端电压相等，解决电荷共享问题；电荷泵两支路共模电平与复制的偏置电路通过运放反馈保持两者电压相等，并动态调整偏置电路和电荷泵电流源电流大小，保证充放电电流相等；$M_5 \sim M_8$ 构成的共源–共栅结构提高输出电阻，减小泄漏电流；增加电流源尺寸和过驱动电压，降低工艺失配和电流失配。

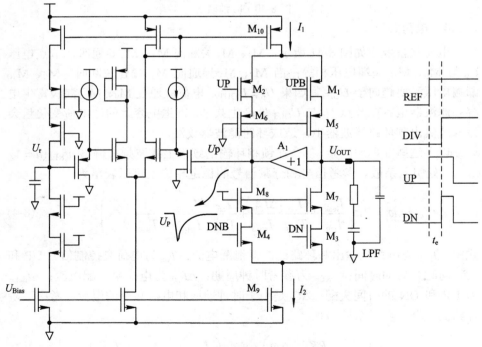

图 8-41 高性能差分电流导向型电荷泵

但在图 8-41 中电荷泵仍存在一定电荷共享的问题，当 PLL 锁定时，由于电流失配、电荷注入等各种非理想因素，参考时钟 REF 和分频器输出信号 DIV

之间仍有很小的相位差 t_e，如图 8-41 所示，由于单位增益缓冲器 A_1 有限的增益带宽积(GBW)，电荷泵输出电压 U_{OUT} 仍存在毛刺，产生电荷共享问题，如图 8-42 所示。

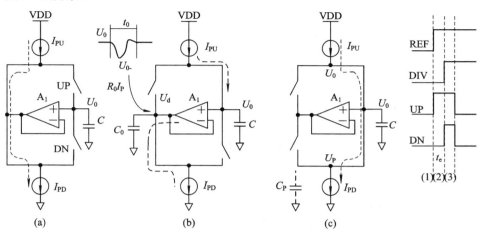

图 8-42　由于单位增益缓冲器有限的增益带宽积而发生电荷共享

具体原因分析如下：设开始时的 UP、DN 都为低电平，电流从电荷泵左边支路通过(如图 8-42(a)所示)。如果 REF 在 DIV 之前 t_e 到来，UP 先变成高电平，上拉电流 I_{PU} 切换入右边支路，下拉电流 I_{PD} 需要由单位增益缓冲器输出端提供(如图 8-42(b)所示)。然而，由于缓冲器 A_1 有限的增益带宽积，响应速度比较慢，U_d 节点电压会瞬间下降 $R_0 I_{PD}$，其中 R_0 为单位增益缓冲器的输出电阻。经过一段时间 t_0，$t_0 \gg t_e$，运放 A_1 逐渐对 C_0 充电，才使 U_d 逐渐恢复到 U_0，这样 U_d 和 U_0 两者间就出现了电压差。在 t_e 时间后，当 DN 变为高电平，I_{PD} 切换到右边支路，下拉电流源漏极寄生电容 C_P 将和电荷泵输出电容 C 发生电荷共享(如图 8-42(c)所示)。其共享电荷的大小为 $C_P[U_0 - U_d(t_e)]$，从而在电荷泵输出端的电压 U_0 产生毛刺，并且此时的电荷泵增益也会发生改变，即

$$K_{CP} = \frac{dQ}{dt_e}\bigg|_{t_e \approx 0} = I_P - C_P \frac{I_P}{C_0} = I_P \left(1 - \frac{C_P}{C_0}\right) \qquad (8\text{-}6)$$

从以上分析可知，在很小相位差时，由于单位增益缓冲器 A_1 不能快速提供上拉或者下拉电流，而造成电流源、漏极电压发生跳变，引起滤波器电容与电流源、漏极寄生电容发生电荷共享。

针对这一问题提出了一种改进型电荷泵的结构，如图 8-43 所示。采用了

两个完全相同的差分型电荷泵，右边 $M_1 \sim M_8$ 为主电荷泵，输出端 OUT 接环路滤波器，左边 $M_9 \sim M_{14}$ 为从电荷泵。主电荷泵的左支路与从电荷泵的右支路相连。主从电荷泵中 MOS 管尺寸相同，电流相等，电流开关同时开启关闭。无论 DN、UP 信号变为高时，均有电流 $I_2 = I_6 = I_3$，$I_1 = I_5 = I_4$。流过 U_N 节点的电流保持不变，单位增益运算放大器无需输出电流，降低了单位增益放大器的驱动要求，从而减小了 U_N 点电压毛刺，改善了电荷共享。M_3 和 M_4 用来补偿 M_1 和 M_2 时钟馈通效应，同时通过简单的运放反馈电路将电荷泵两支路共模电平与偏置电路比较，动态调整偏置电路和电荷泵电流大小，保证电荷泵充放电电流相等。

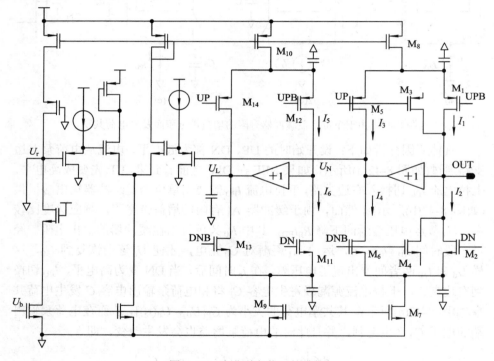

图 8-43 改进型电荷泵的结构

单位增益缓冲器电路如图 8-44 所示，由于电荷泵输出电压的范围很宽 (0.3 V～1.5 V)，故采用轨到轨的输入级。该电荷泵降低了对缓冲器响应速度的要求，运放电流可以取得比较小。AB 类输出级采用跨导线性环作为偏置电路，其中，$M_5 \sim M_8$ 为 NMOS 输出管 M_8 的跨导线性环，设置 M_8 的输出电流；$M_9 \sim M_{12}$ 为 PMOS 输出管 M_{12} 的跨导线性环，设置 M_{12} 的输出电流。

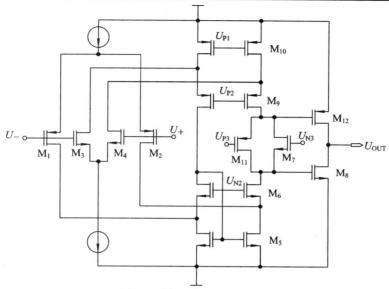

图 8-44　单位增益缓冲器电路

电荷泵充放电电流随输出电压变化的仿真图如图 8-45 所示，在输出电压 (0.3 V～1.5 V)的范围内，电荷泵充放电电流失配小于 1%，电流变化量小于 4%。

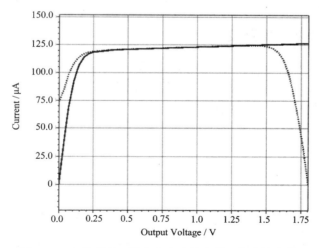

图 8-45　电荷泵充、放电电流随输出电压变化的仿真图

分别对电荷泵(如图 8-41 所示)和改进型电荷泵(如图 8-42 所示)输出电流的动态特性进行仿真，如图 8-46 所示，脉冲宽度设为 500 ps，电流设为 120 μA，可以看到原有电荷泵的电流切换速度低于改进型电荷泵的，并且电流需要比较

长的时间才能达到额定值(120 μA)，增加了从电荷泵后，消除了电荷共享效应，充放电电流的动态特性变好，电流切换速度加快，迅速达到设定值，电荷泵高速毛刺也有所改善。

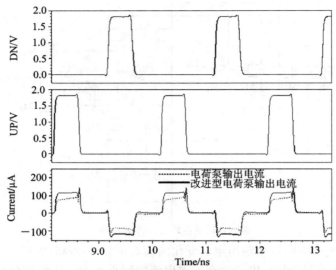

图 8-46 电荷泵和改进型电荷泵输出电流动态特性仿真对比图

8.2.3 环路滤波器电路设计

本节的锁相环采用了芯片全集成的无源三阶滤波器，如图 8-47 所示，由高阻多晶电阻和金属−氧化物−金属(MIM)电容构成，电容和电阻全部在芯片内部实现。多晶硅电阻精度较高，随电压和温度的变化较小。MIM 电容具有 Q 值高，电容值稳定，寄生电容小，精度高的优点，采用的 SMIC 0.18 μm CMOS 工艺中的 MIM 电容值大约为 1 fF/μm^2。

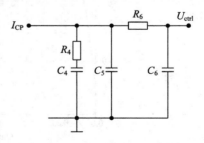

图 8-47 三阶无源环路滤波器

以 K_{VCO} = 120 MHz/V、电荷泵电流为 120 μA、相位裕度为 53°、分频比为 1250 为例，虽然增加电荷泵电流有助于改善锁相环带内噪声，但由于电容全集成，为降低芯片面积，电荷泵电流不能取值太大，环路滤波器电容电阻取值如表 8-2 所示。

表 8-2　环路滤波器电容电阻取值

PLL 环路参数	参数取值
分频比	1250
电荷泵电流 I_{CP}	120 μA
相位裕度	53°
C_4	130.9 pF
C_5	7.0 pF
C_6	2.0 pF
R_4	45.4 kΩ
R_6	148.3 kΩ

8.2.4　压控振荡器电路设计

数控振荡器按照结构形式来分类主要有：数控 LC 振荡器，数控差分结构振荡器和数控单端环形振荡器。数控 LC 振荡器具有振荡频率高，噪声小的特点，但是其面积大，不容易设计，因此多应用于高频锁相环中；数控差分结构环形振荡器采用电流控制电路，噪声虽然比数控 LC 振荡器要大，但是面积较小；单端环形振荡器虽然结构简单，容易控制，而且面积小，功耗低。但是噪声很大，通常用于对锁相环性能要求不高的应用中。

1. 数控 LC 振荡器

数控 LC 振荡器的结构如图 8-48 所示。图中，电感 L 的值保持不变。通过改变 $d_0 \sim d_{N-1}$ 的选择，可以调节电容 C 的值。

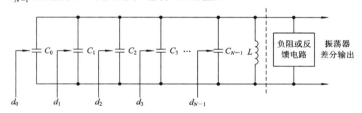

图 8-48　数控 LC 振荡器电路图

LC 振荡器的频率为

$$f = \frac{1}{2\pi\sqrt{LC}} \tag{8-7}$$

当控制字 $d_0 \sim d_{N-1}$ 发生改变时，LC 振荡器的频率也发生相应的变化。当控制字打开的电容数增加时，LC 振荡器输出的频率降低。反之，LC 振荡器输出的频率增加。

2. 数控差分结构振荡器

数控差分振荡器结构一般由数模转换器和一个差分结构的环形振荡器构成。如图 8-49 所示，控制电压 $U_{c0} \sim U_{c7}$ 分别控制 NMOS 晶体管的开启，从而控制电流的大小。经过 PMOS 晶体管电流的大小又决定了控制电压 U_c 的大小。根据 MOSFET 的 I/U 特性曲线可知，经过 PMOS 晶体管的电流越大，控制电压 U_c 越低。反之，则控制电压 U_c 越高。该控制电压用于控制环形振荡器的延迟单元。该延迟单元由一个差分对组成，它的尾电流大小由控制电压 U_c 控制。当控制电压 U_c 改变时，流入差分对的电流改变，从而改变了差分对的延迟时间。

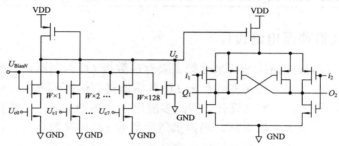

图 8-49　差分结构的延迟单元

3. 数控单端环形振荡器

由于单端环形振荡器非常适合全数字锁相环的设计要求，有很多论文都采用这种结构，类似的结构可见于很多已公开发表的文献。单端环形振荡器的频率为

$$f = \frac{1}{2N\tau_d} \tag{8-8}$$

因此，一个环形振荡器有两个频率调节参数：一个是延迟单元的延迟时间 τ_d；另一个是延迟单元的数目 N。根据调节方式，数控单端环形振荡器又可以细分为以下三种：

(1) 延迟单元数目不变，延迟时间可变，这种结构的优点是有 N 个输出频率可以使用。其中延迟单元的延迟时间调节有以下四种方式：

① 控制字控制 MOS 管的开启，通过打开或者关闭 MOS 管可以改变上拉或者下拉路径中等效 MOS 管的宽度，从而改变延迟时间，如图 8-50 所示。这是早期设计常用的方法，当控制字改变时，倒相器的延迟时间与等效 MOS 管宽度成反比。控制字 DCOP[15:0]和 DCON[15:0]分别与 32 个 MOS 晶体管的栅极相连，这 32 个 MOS 晶体管长度一致，宽度为二进制权重，在控制字的控制下开启或关闭，从而改变充电回路以及放电回路中的等效电阻。

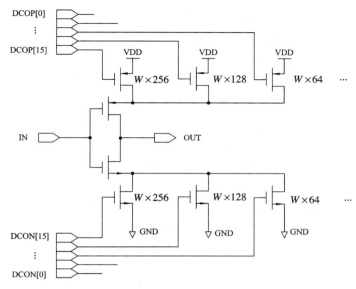

图 8-50　由控制字控制 MOS 管的开启来改变延迟单元的延迟时间

　　② 标准单元库中的 AOI 单元或者 OAI 单元。以 AOI222 为例，如图 8-51 所示。如果 A1、B1、C1 和 C2 都与 VC 相连，A2 与 VA 相连，B2 与 VB 相连。由此可以看出，ZN 的值只与 VC 的值有关，而与 VA 和 VB 无关。当 (VA，VB) = (1，1)，从 VC 到 ZN 的延迟时间小于当 (VA，VB) = (1，0) 和 (VA，VB) = (0,1) 时的延迟时间。同样，(VA，VB) = (1，0) 或者 (0，1) 时，从 VC 到 ZN 的延迟时间小于当 (VA，VB)=(0，0) 时的延迟时间。这是因为路径中等效 MOS 管的宽度不同。因此 AOI222 可以作为延迟可控的延迟单元，它有四种不同的延迟。

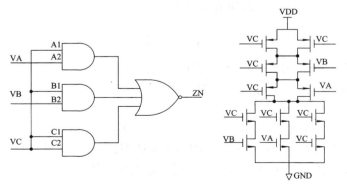

图 8-51　AOI 作为延迟单元

③ 通过控制每个延迟单元中并联倒相器的个数，调节电流，也可以控制延迟时间，如图 8-52 所示。

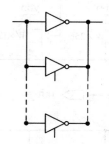

图 8-52　并联三态倒相器构成的延迟单元

④ 还有一种设计方法是将以上的②和③结合，如图 8-53 所示。

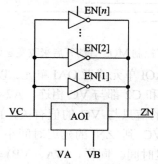

图 8-53　图 8-51 和图 8-52 结合的延迟单元

(2) 延迟单元的延迟时间不变，数目可变。这种类型的结构如图 8-54 所示，它由许多延迟单元和频率选择器构成。输给选择器的控制字决定环路中延迟单元的数目，从而决定振荡器的振荡频率，即

$$f_{\text{osc}} = \frac{1}{2(L\tau_{\text{de}} + \tau_{\text{fs}})} \tag{8-9}$$

式中，τ_{de} 是每个延迟单元的延迟时间；τ_{fs} 是选择器的延迟时间。L 和 τ_{de} 都可以用来调节振荡器的振荡频率。这种结构的缺点是只有一个可用输出频率，且分辨率不够高。

(3) 以上两者的结合。为了进一步提高分辨率，将以上的(1)和(2)的结构结合，如图 8-55 所示。它将振荡器的调谐分成粗调和精调。粗调决定延迟单元的数目，精调的调节范围要覆盖一个粗调延迟单元的延迟。

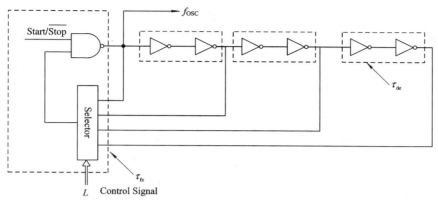

图 8-54　延迟单元数目可变的环形振荡器

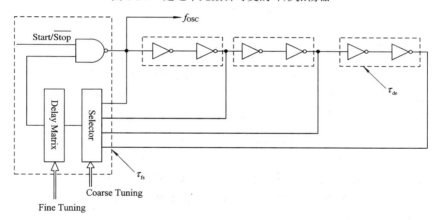

图 8-55　延迟单元的数目和延迟时间均可变的环形振荡器

8.2.5　可编程计数器电路设计

根据分频器工作原理：电路复位后，预分频器首先进行 $N+1$ 分频，P 和 S 计数器置为 0，P 大于 S，复位完成后，S 和 P 计数器开始计数，当 S 计数器计满后，改变预分频器模式控制信号 MC，使得预分频器进行 N 分频，P 计数器计满后，同时复位 P 和 S 计数器。

压控振荡器振荡于 4.8 GHz 左右，经过预分频器 15.5/16 分频后，送入可编程计数器，因而计数器输入频率为 300 MHz 左右，频率比较低，可以采用全数字静态 CMOS 逻辑电路实现。

图 8-56 为 7 位可编程计数器框图，可编程计数器可以看成是由级联二分

频器、计数结束指示(End of Counter，EOC)电路和复位电路三部分组成。将 D 触发器的 $\overline{Q}$ 端与 D 端相连构成二分频器并串联，计数结束指示电路由异或门和与门组成，当计数到设定值 $P_6P_5P_4P_3P_2P_1P_0$ 时，计数结束指示电路产生复位信号，将 D 触发器复位。

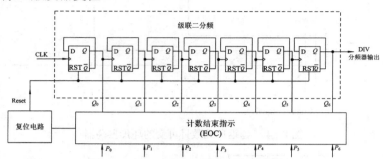

图 8-56　可编程计数器原理框图

由可编程计数器工作方式可知，P 和 S 计数器中的级联二分频电路只执行分频功能，并且 P 和 S 计数器相应的 D 触发器同时开启和同时复位，因此完全可以共用 D 触发器。

图 8-57 为 D 触发器共用的 P 和 S 计数器，P 和 S 计数器都使用相同的异步二分频器链，二分频后的信号 $Q_0 \sim Q_6$ 分别送入异或门与外接模式控制信号进行异或，然后经过与门得到计数结束信号经过 D 触发器同步后产生 Reset 复位信号。MC 为预分频器模式控制信号，MC = 1 时，预分频器进行 $N+1$ 分频，MC = 0 时，进行 N 分频。DIV 为最终分频器的输出送入鉴频鉴相器，P 和 S 计数器的分频比为

$$P = P_6 \times 2^6 + P_5 \times 2^5 + P_4 \times 2^4 + P_3 \times 2^3 + P_2 \times 2^2 + P_1 \times 2^1 + P_0 \times 2^0 + 3$$

(8-10)

$$S = S_5 \times 2^5 + S_4 \times 2^4 + S_3 \times 2^3 + S_2 \times 2^2 + S_1 \times 2^1 + S_0 \times 2^0 + 3$$

(8-11)

其中，双模预分频器分频比为 15.5/16，7 位 P 计数器 $P_0 \sim P_6$ 分频比为 3～130，6 位 S 计数器 $S_0 \sim S_5$ 分频比为 3～66。由分频器总的分频比 $N = 15.5P + 0.5S$，并且 P 大于 S，计算得到 P 计数器取分频比为 77～80，S 计数器为 3～66 的变化范围，即可覆盖分频器 1200～1250 的总分频范围的需求。

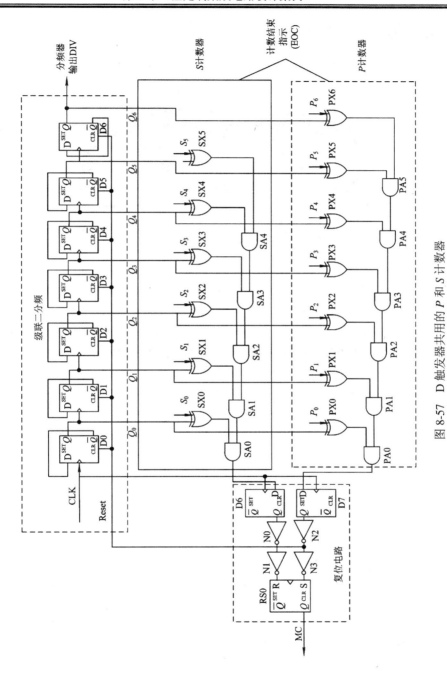

图 8-57　D 触发器共用的 P 和 S 计数器

8.2.6　锁相环版图设计

设计的锁相环版图如图 8-58 所示。PLL 位于整个芯片的右上角，这样锁相环的电源线比较短。

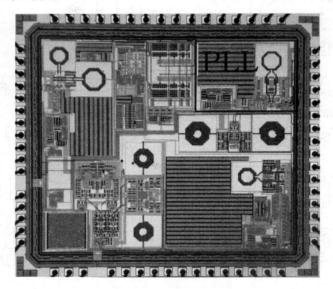

图 8-58　锁相环版图

8.3　本 章 小 结

本章主要介绍了 SRAM 和 PLL 的基本框图以及各关键电路的设计。在设计 SRAM 基本存储体结构时，存储单元电路的电路设计必须要经过比较精细的仿真，确保电路能准确有效地写入和读出数据。在版图设计时，要考虑 SRAM 的读出和写入的时序要求，确保电路能正确地工作。PLL 电路基本由鉴相器、滤波器、振荡器和分频器四部分电路组成，在全定制集成电路的设计过程中尤其要注意振荡器电路的设计。SRAM 和 PLL 都是 SoC 芯片中不可或缺的部分。

第9章

晶圆厂设计套组与常用的快捷键

9.1　晶圆厂设计套组的介绍

用户根据需要选择合适的晶圆厂(Foundry)以及符合设计要求的工艺(Process)，晶圆厂根据用户的设计需求将会提供以下资料：

(1) EDR(电性设计参数)。

(2) MASK INFORMATION(光罩相关的信息)。

(3) SPICE(用于电路模拟的参数信息)。

(4) TLR(拓扑设计规则)。

(5) RULE(用于版图验证的规则)。

(6) RC TECH FILE(寄生参数技术文件)。

(7) PCELL(可变参数单元)。

9.1.1　工艺库的浏览(0.18 μm)

工艺层的表示方法(Description of Process Layer)如表 9-1 所示。

表 9-1　工艺层的表示方法

Process Name	GDS No.	Description
Nwell	1	Nwell
Pwell	2	Pwell
Oxide	5	Thin Oxide
Poly	7	Poly

续表

Process Name	GDS No.	Description
Pimp	4	P + implant(PP)
Nimp	3	N + implant(NP)
Cont	6	Contact
Met1	8	Metal-1
Via1	9	V1A1(M1/V1A1/M2)
Met2	10	metal-2
Via2	11	V1A2(M2/V1A2/M3)
Met3	12	metal-3
Via3	13	V1A3(M3/V1A3/M4)
Met4	14	meta1-4
ResDum	19	resistor dummy
Bondpad	18	
CapMet	16	
DIOdum	17	
INDdum	20	
SUBSTRATE	BULK 99	

设计规则描述(Layout Rule Description)分别如表 9-2～表 9-15 所示。

表 9-2　接　触　孔

Description	Layout Rule(Unit in μm)
Minimum Cont width	0.2
Minimum Cont space	0.15
Minimum Poly to Cont space	0.2
Min Met1 enclosure of Cont	0.1
Minimum Oxide enclosure of Cont	0.2
Minimum Poly enclosure of Cont	0.1
Minimum Nimp enclosure of Cont	0.2
Minimum Pimp enclosure of Cont	0.2
Contact should be enclosed by Poly or Active	

表 9-3　金属层 1

Description	Layout Rule(Unit in μm)
Min Met1 width	0.28
Min Met1 space	0.28

表 9-4　金属层 2

Description	Layout Rule(Unit in μm)
Min Met2 width	0.3
Min Met2 space	0.3

表 9-5　金属层 3

Description	Layout Rule(Unit in μm)
Min Met3 width	0.32
Min Met3 space	0.32

表 9-6　金属层 4

Description	Layout Rule(Unit in μm)
Min Met4 width	0.38
Min Met4 space	0.4

表 9-7　N 阱

Description	Layout Rule(Unit in μm)
Minimum Nwell width	0.7
Minimum Nwell spacing	0.7
Minimum Nwell to Oxide space	0.5

表 9-8　氧化层

Description	Layout Rule(Unit in μm)
Minimum Oxide width	0.4
Minimum Oxide space	0.3
Minimum Nwell enclosure of Oxide	0.4

表 9-9 N⁺ 扩 散 层

Description	Layout Rule(Unit in μm)
Minimum Nimp width	0.4
Minimum Nimp space	0.3
Minimum Nimp enclosure of Oxide	0.2

表 9-10 P⁺ 扩 散 层

Description	Layout Rule(Unit in μm)
Minimum Pimp width	0.4
Minimum Pimp space	0.3
Minimum Pimp enclosure of Oxide	0.2
Pimp and Nimp should not overlap	

表 9-11 多 晶 硅

Description	Layout Rule(Unit in μm)
Minimum Poly Width	0.18
Minimum Poly space	0.25
Minimum Poly to Oxide space	0.2
Minimum Poly extension past Oxide	0.25

表 9-12 通 孔 1

Description	Layout Rule(Unit in μm)
Min Vial width	0.2
Min Vial space	0.25
Min Met1 enclosure of Via1	0.1
Min Met2 enclosure of Via1	0.1
Vial must be covered by metal1	
Vial must be covered by metal2	

表 9-13　通 孔 2

Description	Layout Rule(Unit in μm)
Min Via2 width	0.2
Min Via2 space	0.25
Min Met2 enclosure of Via2	0.2
Min Met3 enclosure of Via2	0.2
Via2 must be covered by metal2	
Via2 must be covered by metal3 or CapMet	

表 9-14　电 容 层

Description	Layout Rule(Unit in μm)
Min CapMet width	0.4
Min Met2 enclosure of CapMet	0.32
Min CapMet enclosure of CapMet	0.2
Min CapMet enclosure of Met3	0.32

表 9-15　通 孔 3

Description	Layout Rule(Unit in μm)
Via3 width	0.2
Via3 space	0.3
Min Met3 enclosure of Via3	0.2
Min Met4 enclosure of Via3	0.2
Via3 must be covered by metal3	
Via3 must be covered by metal4	

晶圆厂通常会提供基于 Synopsys 公司的版图验证工具 Hercules 或者 Mentor 公司的版图验证工具 Calibre 提供相对应的规则验证文件。同样这些验证文件也可以使用应用在 ZENI 的验证工具之中。为了方便用户对规则有一定的了解，下面是简单的 Boolean Operation，这些 Boolean Operation 的信息直接摘抄于 ZENI 的使用手册。

(1) 层 "与" 操作：

格式：AND　lay-a　lay-b　res-lay　{ OUTPUT　c-name　l-num }

功能：由输入层 lay-a 和 lay-b 做逻辑"与"操作，生成一个新的 res-lay 层。

如果 OUTPUT 部分是指定的，ZENI VERI 将操作的结果保存在名为 topcell.rpt 的报错输出文件中。

实例如图 9-1 所示。例如：

    AND diff poly gate OUTPUT goa01 01

(2) 层"或"操作：

格式：OR lay-a lay-b res-lay ｛ OUTPUT c-name l-num ｝

功能：由输入层 lay-a 和 lay-b 做逻辑"或"操作，生成一个新的 res-lay 层。

实例如图 9-2 所示。例如：

    OR diff poly gate OUTPUT goa02 02

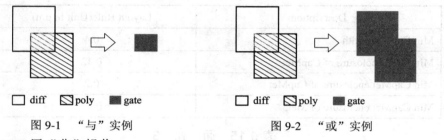

图 9-1 "与"实例   图 9-2 "或"实例

(3) 层"非"操作：

格式：NOT lay-a lay-b res-lay ｛ OUTPUT c-name l-num ｝

功能：由输入层 lay-a 和 lay-b 做逻辑"非"操作，生成一个新的 res-lay 层。

实例如图 9-3 所示。例如：

    NOT diff poly gate OUTPUT goa03 03

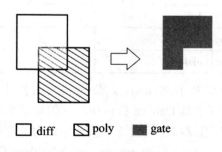

图 9-3 非实例

(4) 层"异或"操作：

格式：XOR lay-a lay-b res-lay ｛ OUTPUT c-name l-num ｝

功能：由输入层 lay-a 和 lay-b 做逻辑"异或"操作，生成一个新的 res-lay 层。

实例如图 9-4 所示。例如：

　　XOR　diff　poly　gate　OUTPUT　goa04　04

(5) 层尺寸：

格式：SIZE　lay-a　BY　n　{ res-lay | OUTPUT　c-name　l-num }

功能：根据给定的尺寸 n 对指定输入层 lay-a 进行尺寸的重定义，并将结果输入到中间层 res-lay。

实例如图 9-5 所示。例如：

　　SIZE　poly　BY　-1　upoly　OUTPUT　goa05　05

　　SIZE　poly　BY　 1　opoly　OUTPUT　goa06　06

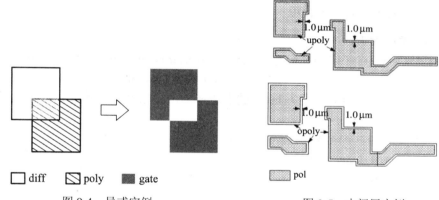

图 9-4　异或实例

图 9-5　中间层实例

(6) 层选择：

格式：SELECT　lay-a　RELATIONSHIP　ref-lay　res-lay

　　　　　　　　　　　　　　　　　　{OUTPUT　c-name　l-num}

功能：由指定输入层 lay-a，根据给定条件的关系生成一组输出层为 res-lay 的多边形。

实例如图 9-6 所示。例如：

　　SELECT　poly　CUT　　　　　　diff　OUTPUT　goa07　07

　　SELECT　poly　OUTSIDE　　　　diff　OUTPUT　goa08　08

　　SELECT　poly　INSIDE　　　　 diff　OUTPUT　goa09　09

　　SELECT　poly　ENCLOSE　　　　diff　OUTPUT　goa10　10

　　SELECT　poly　TOUCH　　　　　diff　OUTPUT　goa11　11

　　SELECT　poly　HOLE　　　　　 diff　OUTPUT　goa12　12

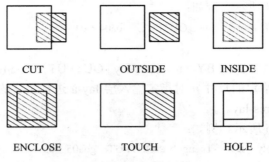

图 9-6 选择层实例

9.1.2 设计规则检查语句

(1) 宽度检查：

格式：WIDTH { [options] } lay-a measurement num { tmp-lay |

OUTPUT c-name l-num } { & }

功能：检查指定输入层为 lay-a 的多边形的内边宽度是否满足 measurement 条件。

实例如图 9-7 和图 9-8 所示。例如：

WIDTH poly LT 5 OUTPUT drc01 01

WIDTH [PC] poly LE 3 OUTPUT drc02 02

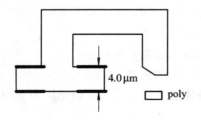

图 9-7 矩形线宽   图 9-8 斜边线宽

(2) 交叠宽度检查：

格式：ENC { [options] } lay-a lay-b measurement num { tmp-lay |

OUTPUT c-name l-num } { & }

功能：检查指定输入层为 lay-b 的多边形局部或全部包含输入层为 lay-a 的多边形是否满足 measurement 条件。

实例如图 9-9 所示。例如：

ENC [T] poly diff LT 4 OUTPUT drc03 03

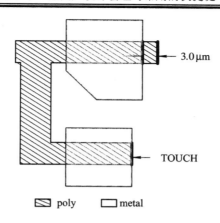

poly　□ metal

图 9-9　多边形局部尺寸检查

(3) 边间距检查：

格式：EXT{ [options] } lay-a { lay-b } measurement num { tmp-lay |

OUTPUT　c-name　l-num } { & }

功能：检查多边形两条外边的间距。

如果用户指定输入层为 lay-a 和 lay-b，检查输入层为 lay-a 和 lay-b 的多边形外边之间彼此的间距。如果用户只指定输入层为 lay-a，检查输入层为 lay-a 的多边形外边之间彼此的间距。

实例如图 9-10 和图 9-11 所示。例如：

EXT　metal　LT　4　OUTPUT　drc04　04

EXT [OC']　poly　metal　LT　4　OUTPUT　drc05　05

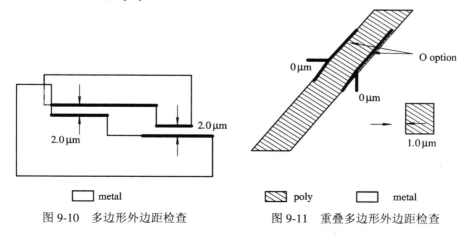

metal　　　　　poly　　　metal

图 9-10　多边形外边距检查　　　　图 9-11　重叠多边形外边距检查

(4) 内边间距检查:

格式:INT { [options] }   lay-a   lay-b   measurement   num   { tmp-lay |

OUTPUT c-name l-num } { & }

功能:检查指定输入层为 lay-a 和 lay-b 的多边形彼此覆盖的深度,即多边形的内边间距。

实例如图 9-12 所示。例如:

    INT [T]   poly   metal   LT   4   OUTPUT   drc06   06

(5) 面积检查:

格式:AREA   lay-a   EQ | NE | RANGE   num1   { num2 }   { tmp-lay |

OUTPUT   c-name   l-num }

功能:检查指定输入层为 lay-a 的多边形是否符合给定条件的面积范围。

实例如图 9-13 所示。例如:

    AND   poly   diff   gate   &
    AREA   gate   RANGE   1   8   OUTPUT   drc07   07

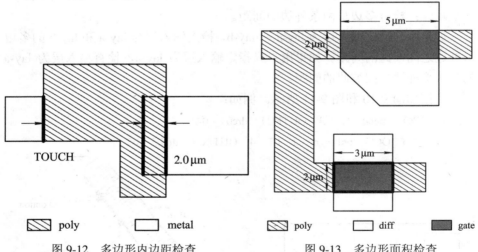

图 9-12 多边形内边距检查   图 9-13 多边形面积检查

(6) 长度检查:

格式:LENGTH lay-a measurement num {OUTPUT c-name l-num} {&}

功能:检查指定输入层为 lay-a 的长。LENGTH 命令只能与其他命令连用,作为复合命令。当前一个检查失败,LENGTH 命令的检查也是失败的。当这两个检查都失败时,只有一个报错输出。

实例如图 9-14 所示。例如:

```
EXT [ P ]      poly  metal  LT  4  &
LENGTH         metal  LE  6  OUTPUT  drc08  08
```

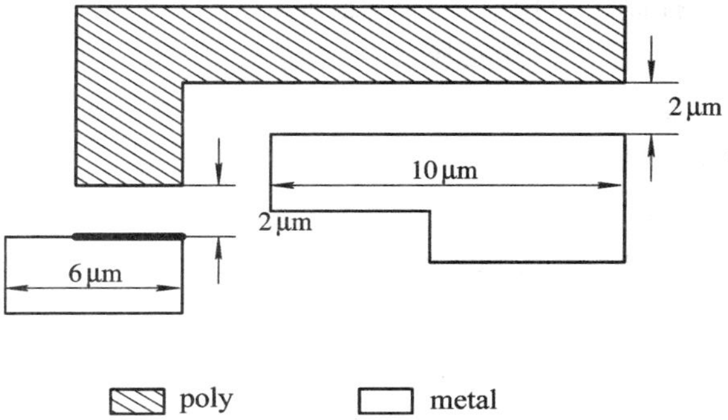

图 9-14　长度检查

9.2　常用的快捷键

Shift + 鼠标左键：加选图形。

Ctrl + 鼠标左键：减选图形。

F1 键：显示"帮助"窗口。

F2 键：保存。

F3 键：控制在选取相应工具后是否显示相应的"属性"对话框。

F4 键：控制是否可以部分选择一个图形。

F5 键：打开。

F7 键：帮助。

F8 键：切换路径。

F9 键：选择尺寸。

Ctrl + A 键：全选。

Shift + B 键：等级升一级，升到上一级视图。

B 键：去到某一级(Go to Level)。

Ctrl + C 键：中断某个命令。

Esc 键：取消某个命令。

Shift + C 键：裁切(Chop)。

C 键：复制某个图形。

Ctrl + D 键：取消选择。

Shift + D 键：取消选择。

Shift + E 键：控制用户预设的一些选项。

Ctrl + F 键：显示上层等级视图。

Shift + F 键：显示所有等级。

F 键：满工作区显示。

Ctrl + G 键：缩小至格点。

G 键：开启和关闭引力(Gravity)。

I 键：插入模块。

Shift + K 键：清除所有标尺。

K 键：标尺工具。

L 键：标签工具。标签要加在特定的文字层上。

Shift + M 键：合并工具。

M 键：移动工具。点选移动工具后，选中要移动的图形，然后在屏幕上任意一处单击一下，确定移动的参考点，即可自由移动图形。

Ctrl + N 键：先横后竖。

Shift + N 键：直角正交。

N 键：斜 45°对角正交。

Shift + O 键：旋转工具。

O 键：插入接触孔。

Ctrl + P 键：插入引脚。

Shift + P 键：多边形工具。

P 键：插入总线直线。

Shift + Q 键：打开"设计属性"对话框。

Q 键：查看图形对象属性。

Ctrl + R 键：重画。

Shift + R 键：重定形。

R 键：矩形工具。

Ctrl + S 键：拆分工具。配合伸缩命令可以使原来直的总线直线打弯。

Shift + S 键：伸缩查找。

S 键：拉伸工具。先框选要拉伸图形，再拉伸。

Ctrl + T 键：缩放至设置的视图大小。

Shift + T 键："树"切换。

T 键："层"切换。

Shift + U 键：重复。

U 键：撤销。

Ctrl + V 键：在 CIW 中编译。

V 键：关联工具。将一个子图形关联到一个父图形。关联后，若移动父图形，子图形也将跟着移动；移动子图形，父图形不会移动。可以将标签关联到压焊块上。

W 键：添加连线。

Ctrl + X 键：编辑。

Shift + X 键：下降一个等级。

Ctrl + Y 键：循环选择。

Shift + Y 键：粘贴工具。配合区域复制使用。

Y 键：区域复制。(与 Copy 有区别，Copy 只能复制完整图形对象。)

Ctrl + Z 键：放大视图两倍。

Shift + Z 键：缩小视图两倍。

Z 键：放大视图。

Esc 键：撤销。

Tab 键：平移视图。用鼠标点击视图中的某点，视图就会移至该点，以该点为中心。

Delete 键：删除。

BackSpace 键：撤销上一步。

Enter 键：确定一个图形的最后一步，也可双击鼠标左键结束。

Ctrl + 方向键：移动。

Shift + 方向键：移动鼠标，每次移动半个格点的距离。

方向键：移动视图。

符号 +、-：自动跳层打孔。

参 考 文 献

[1] Jan M Rabaey, Anantha Chandrakasan, Borivoje Nikolic. Digital Integrated Circuits: A Design Perspective. Charles G Sodini: Prentice Hall, 2 nd ed, 2003.

[2] Behzad Razavi. 模拟 CMOS 集成电路设计. 陈贵灿, 等, 译. 西安: 西安交通大学出版社, 2003.

[3] Alan Hastings. The Art of Analog Layout. Charles G Sodini: Prentice Hall, 2001.

[4] 李伟华. VLSI 设计基础. 北京: 电子工业出版社, 2002.

[5] 朱明程, 李晓滨. PSoC 原理与应用设计. 北京: 机械工业出版社, 2008.

[6] Xueyi Yu, Woogeun Rhee, Zhihua Wang. A DeltaSigma Fractional-N Synthesizer With Customized Noise Shaping for WCDMA/HSDPA Applications. IEEE Journal of Solid-state Circuits, 44(8),2009.